PHILIPPE NGO VÀ PHÙNG LÂM

DỰ ĐOÁN

NHÂN DẠNG

TRONG TAROT

NHÂN ẢNH

2022

"TRI NHÂN TRI DIỆN BẤT TRI TÂM"

– CỔ NGỮ

PHILIPPE NGO VÀ PHÙNG LÂM

Lời Bạt

"Biết người, biết ta trăm trận trăm thắng", câu nói của Tôn Tử vẫn đúng dù trải qua hàng ngàn năm, nhưng câu hỏi là làm sao để biết ta, hiểu người?

Tục ngữ có câu: "Dò sông dò biển dễ dò. Đố ai lấy thước mà đo lòng người" hay "Đừng nhìn mặt mà bắt hình dong". Lòng người vốn khó đoán định, đừng chỉ nhìn vẻ bề ngoài của một người mà vội đánh giá, muốn hiểu một người cần rất nhiều thời gian và cả những tham số khác nữa.

Chính vì vậy mà con người cất công đi tìm hiểu, khám phá ra các công cụ khác để dự đoán con người, để "biết người, biết ta", định dạng được con người như Tử Vi, như Thần số học, DISC, MBTI...

Là chuyên gia nghiên cứu Thần số học, tôi yêu thích các con số và tò mò giải nghĩa bí ẩn đằng sau nó, như lẽ tự nhiên tôi dần mở rộng sang những môn liên quan tới Thần số học như chiêm tinh, Tarot... Luật hấp dẫn khiến tôi tìm và kết nối tới Phil Ngo một trong những người xuất sắc nhất về Tarot mà tôi được biết. Tôi tìm và đọc hết các tác phẩm của Phil Ngo và ngạc nhiên về sự đồ sộ các tác phẩm, độ am tường, hiểu biết chiều sâu về văn hóa, tập quán, đặc biệt là giải mã biểu tượng...

Tôi rất vui đọc bản thảo công phu của Phil Ngo

về "Dự đoán nhân dạng qua Tarot", góp thêm một công cụ, phương pháp giúp bạn giải ẩn những bí mật ẩn trong lá bài.

Khi lật giở từng trang sách bạn sẽ có thêm cách tiếp cận đa dạng để việc dự đoán các lá bài của bạn có độ chính xác cao và có chiều sâu hơn nhiều so với cách tiếp cận thông thường.

Từng chi tiết hành vi, biểu tượng được tác giả phân tích sẽ giúp bạn không chỉ có thêm kiến thức phong phú ở Tarot mà còn rất hữu ích trong cuộc sống thường nhật giúp bạn thêm hiểu mình, hiểu người.

Bạn muốn có những cơ sở để hiểu và phân tích hành vi, hay biểu tượng trong Tarot, định dạng được con người? Bạn muốn mình thực sự am tường để có thể đưa ra những dự báo chính xác nhất? Hãy mở ra và đọc tiếp những trang tiếp theo trong cuốn sách này, những trải nghiệm thú vị sẽ chờ bạn kiểm chứng!.

Nhà nghiên cứu Nguyễn Thành An,

Tác giả cuốn Mật Mã Hạnh Phúc

Nội Dung

LỜI NÓI ĐẦU

Tarot dự đoán nhân dạng là một chủ đề cực kỳ khó và thú vị trong tarot. Có ba loại nhân dạng: nhân dạng tâm lý, nhân dạng xã hội, nhân dạng tướng mạo. Nhân dạng tướng mạo tức là nhân dạng bên ngoài: khuôn mặt, dáng đi, cơ thể; đây là loại nhân dạng sơ đẳng nhất dễ nhận biết nhất. Nhân dạng xã hội, tức là nhân dạng được thừa nhận bởi xã hội, bao gồm địa vị, nghề nghiệp, tư cách; đây là loại nhân dạng có thể nhận ra được qua hành động và hoạt động xã hội. Nhân dạng tâm lý, tức là đặc điểm tâm lý riêng của từng cá nhân trong xã hội, đây là đặc điểm nhân dạng khó nhận biết nhất, khó thấy nhất, thầm kín nhất.

Nhân dạng con người là một trong ba chủ đề quan trọng trong Tarot, bao gồm Thời gian, Không gian, Nhân gian. Trong cuốn sách này, trình bày các phương pháp đa dạng giúp bạn đọc tiếp cận toàn diện nhất với nhân dạng con người. Từ nhân dạng sơ đẳng như nhận biết về ngoại hình con người, hình dáng, màu da, kiểu tóc, áo quần, trang sức. Cho đến các phương pháp nhận diện nhân dạng xã hội, và phức tạp hơn là nhân dạng tâm lý của con người. Những phương pháp trong cuốn sách này được thiết kế dạng mở; nghĩa là, các phương pháp được liệt kê chi tiết và dành không gian ứng dụng thực nghiệm dành cho bạn đọc. Giống như khi bạn đi băng qua một thành phố vậy, có tấm bản đồ chỉ dẫn trong tay với những con đường thích hợp, song chính bạn phải tự đi, mới có thể trải nghiệm được hết thành phố ấy.

Và sau cùng, số phận và vận mệnh của chúng ta, được chính bản thân vun xới trên mảnh đất nội tâm. Nhưng chỉ có ai dám can đảm bước vào bên trong của mình, đối diện với phần tối bên trong. Kẻ đó mới có thể nắm giữ vận mệnh của mình.

CHƯƠNG MỞ ĐẦU

CON NGƯỜI, CÂU CHUYỆN NHÂN DẠNG

Tarot không đơn thuần chỉ là những lá bài dành cho bói toán; mà nó là một cuốn sách của tri thức và sự hiểu biết. Cuốn sách của 78 giấc mơ đời người. Chủ thể hướng đến của Tarot là con người, vậy nên nó cũng hướng đến phần sáng và phần tối bên trong con người.

Có con người nào bước đến ánh sáng mà không có chiếc bóng theo cùng đâu? Tarot là cuốn sách mà chúng ta có thể tìm thấy bên trong những thông tin và chỉ dẫn, nhưng chọn lựa lại là chính chúng ta. Mỗi lựa chọn đều tạo nên số phận của chúng ta.

Có thể sẽ là hạnh phúc, nhưng cũng có thể là đau khổ. Nhưng lựa chọn sai lầm, lại khiến bản ngã chúng ta trỗi dậy. Từ phần tối bên trong, đố kỵ; tham lam; hèn nhát; lười biếng và u mê nắm tay nhau nhảy múa, chiếm lấy con người chúng ta. Đừng hoài chờ ngày phán xét cuối cùng; vì nó đến mỗi ngày.

Và mỗi lần lựa chọn, mỗi lần đối mặt với bóng tối bên trong là một lần oằn mình đớn đau về thân tâm con người. Nhưng tri thức và sự hiểu biết, chính là ngọn đèn trong tay con người trong chuyến du hành vào miền bí ẩn. Và để tìm thấy ánh sáng bên trong, chúng ta phải bước qua bóng tối dày đặc của đêm trước. Chỉ có ai bước ra từ bóng tối, mới có thể mang ánh sáng.

Cũng như thế, Tarot không trả lời câu hỏi bạn có hạnh phúc hay không? Nó chỉ bạn con đường để đi đến hạnh phúc của riêng bạn. Mỗi con người, là một linh hồn đã du hành qua nhiều kiếp sống, đã đạt được các thành tựu, và tiếp tục tái sinh để học hỏi, hoàn thiện và thức tỉnh. Các quân bài Tarot sẽ chỉ ra, bạn đã đạt được những gì, và sẽ cần trải qua thử thách gì để tiếp tục. Những lời tiên đoán có xu hướng khiến con người ta tin vào những gì được an bài, nhưng ngoại trừ cái chết, thì cuộc sống là chuyến du hành của số mệnh, chỉ tin mà ở yên một góc thì lời tiên đoán chính là lời nguyền.

Biết trước, và tìm cách để giải quyết vấn đề số

mệnh, thì lời tiên đoán là lời chúc phúc.

Ở trong Tarot, hay các bộ môn huyền học khác, thì có hai điểm quan trọng cần nắm đó là: Tiên Tri và Tự Tri.

Các môn huyền học như Tarot, Chiêm Tinh, Tử Vi, Tướng Mệnh không phải cũng xoay quanh mục tiêu là để "Tri", để biết. Gần biết mình, biết người; xa biết đất, biết trời. Biết đúng biết sai, phân rõ thiện ác, mà hành động cho hợp với bản thân, thiên mệnh.

Có người học những môn này, chỉ dùng để tiên tri, bỏ luôn tự tri. Có người bỏ tiên tri, chỉ tự tri. Có người lại lấy luôn cả tiên tri lẫn tự tri. Mà trong đó, tiên tri là biết trước, đoán trước, thấy trước. Nhưng trong tiên tri lại phân ra làm hai loại: là lời tiên tri định mệnh không thể thay đổi (như lời tiên tri của Cassandra), hoặc lời tiên tri có thể thay đổi được (như của tiên tri Jonas).

Đại đa phần là biết trước, không thể thay đổi, số ít là biết trước mà có thể đổi được.

Muốn thay đổi được lời tiên tri, phải cần phần tự tri, nghĩa là tự biết mình, tự hiểu mình. Ví dụ như số mệnh chia vào tay chúng ta những quân bài không thể đổi được, kiểu gì cũng phải cầm lấy dù cam lòng hay không; có người nghe lời tiên tri biết trước những quân bài của mình, về lại lo sợ sầu khổ, lại muốn so bì tranh lấy những quân bài tốt trong số mệnh của người khác. Có người biết trong tay mình có gì, có thể làm được gì, rồi từ đó học cách tận dụng những gì mình có, hệt như người thủy thủ không thể điều khiển đại dương nhưng có thể kiểm soát con thuyền, biết trước để đo đếm mưa gió bão tố, để đi.

Tự tri là một phần quan trọng nhưng ít được nhiều người chú tâm, vì phức tạp huyền diệu, cô độc và khó khăn. Tự tri là tự biết mình, xa hơn nữa là giúp người khác hiểu tự thân. Trên con đường tâm linh, nếu thiếu tự tri thì thường mê cuồng, tự huyễn hoặc mình, tự ngạo, dễ để tham sân si sinh sôi tràn lan trên mảnh ruộng phước đức. Không thiếu người có tài, nhưng phải biết " chữ tài liền với chữ tai một vần", cái tài ấy nếu thiếu trí tuệ đến trong tâm để nhiếp phục, như người người trị thủy dẫn nước, thì sẽ tự mình nhấn chìm mình. Kiếm sắc dễ mòn, người tài thiếu trí huệ dễ khổ đau.

Có những người đi xem Tarot, muốn giải đáp thắc mắc, nhưng khi được giải đáp rốt ráo, nhưng câu hỏi mới trong lòng luôn nảy sinh, vì khúc mắc sâu thẳm trong lòng vẫn chưa được khơi mở. Có người, với mình ngay lần đầu đã ném vào lòng họ một mồi lửa đốt cháy hết cuộn tơ vò, vì họ muốn biết muốn hiểu. Có người, cần phải đôi ba lần trải bài, thì bản thân họ mới thấy được ánh sáng, vì họ muốn biết nhưng chưa thể hiểu. Còn người không muốn biết không muốn hiểu, hỏi cho sướng miệng thì thường mình chỉ im lặng phần nhiều để nghe, tự họ nói rồi tự họ sẽ hiểu được bản thân.

Hãy nhớ Tarot là tấm gương phản ánh thế giới nội tâm bên trong của bạn. Chứ không phải là định mệnh khiến bạn tuân theo. Những lá bài không đưa cho bạn hạnh phúc, mà đem đến cho bạn những chỉ dẫn từ sự thông thái cổ xưa để bạn có thể tìm thấy được hạnh phúc của bản thân.

Chính đôi tay của bạn sẽ rút những quân bài, cũng như chính bạn chọn con đường mình đi. Thay vì cố gắng tìm kiếm những con bài tốt trong tay người khác thì hãy học cách dùng tốt các quân bài trong tay mình. Bởi vì chỉ khi bạn trải nghiệm hết thảy, thì bạn sẽ nhận ra thứ thách khó khăn cũng là một dạng cơ hội mà số phận mang đến cho bạn.

Trong dòng nhân quả trôi chảy từ quá khứ đến tương lai, chúng ta là những người thừa kế của chính mình; đồng thời, lại là kẻ kiến tạo ra chính tương lai của bản thân. Chính vì vậy, dù để tự hiểu mình hay tiên đoán tương lai, một chủ đề trọng tâm trong Tarot không thể không tìm hiểu chính là nhân dạng con người trong Tarot. Chủ đề này rất rộng, đa dạng và phức tạp. Nó không chỉ bao hàm các lá hoàng gia trong bộ Ẩn phụ, mà còn liên kết sâu sắc với toàn thể của cỗ Tarot.

Một người đọc Tarot thực tế hẳn đã gặp những câu hỏi liên quan đến con người như: người ấy tính tình như thế nào, khuynh hướng tư duy ra sao, làm công việc gì, và dấu hiệu để nhận diện đối phương. Ở đây, kiến thức về lĩnh vực con người và trải nghiệm cùng con người sẽ giúp cho người đọc Tarot phát triển được tư duy đa chiều, sâu sắc, và tạo nên những liên kết mạnh mẽ hơn với các lá bài. Mặt khác, tìm hiểu về con người trong Tarot cũng chính là quá trình tự khám phá bản thân, tự nhận thức được tiềm năng của bản thân, thấu hiểu chính mình. Và kết quả tất yếu của việc này, chính là đưa đến khả năng lắng nghe, kết nối và chữa lành; không chỉ cho người khác mà còn là bản thân.

Như mọi dòng sông đều chảy, chúng ta đều đi trên đời bằng đôi chân trần của mình, có thể đồng hành cùng nhau, để trò chuyện số mệnh; biết đường mình đi, là muôn vàn hạnh phúc rồi. Đường đi rừng nhân gian còn xa thăm thẳm, biết đâu chớp mắt đã chẳng thấy nhau, nghìn dặm xa xăm. Và với Tarot, bạn sẽ không đơn độc trong hành trình của mình, chuyến hành trình của kiếp sống sau cùng..

CHƯƠNG II

PHƯƠNG PHÁP NHÂN DẠNG THEO MBTI

Phương pháp nhân dạng MBTI được xem là phương pháp được sử dụng rộng rãi nhất để dự đoán nhân dạng tính cách của con người. Phương pháp này phát triển tương đối muộn trong lịch sử tarot, nhưng lại được sự ủng hộ khá lớn của các học giả tarot hiện đại. Dù vậy, các học giả vẫn chưa thống nhất được cách mà MBTI áp dụng vào lá bài. Bên dưới đây là bản tổng hợp các nghiên cứu của các học giả và đề xuất của tôi về cách sử dụng.

Giới Thiệu

Các nguyên mẫu của Carl Jung quá đa dạng, vì vậy gây khó khăn cho việc tìm kiếm một hình mẫu lý tưởng cho việc xếp loại nhân cách cá nhân. Thứ nhất, hình mẫu đó không được quá nhiều khiến cho sự xếp loại trở nên lộn xộn, cũng không được quá ít lại không thể hiện được sự đa dạng của nhân cách. Katharine Cook Briggs cùng con gái của bà, Isabel Briggs Myers đã phát triển một hệ thống gồm 16 loại nhân cách. Hệ thống này gọi là chỉ số phân loại Myers-Briggs (Myers-Briggs Type Indication) viết ngắn gọn là MBTI.

Có một bài học nhỏ mà tôi muốn chia sẻ ở đây:

năm 1943, khi hai mẹ con Myers-Briggs công bố MBTI, họ đã phải đối mặt với hầu như toàn bộ giới học thuật lúc bấy giờ. Cái họ đối mặt không chỉ đơn giản là sự công kích của giới tâm lý học về sự thấp kém của giới nữ, sự thất học của hai mẹ con (hai mẹ con không được học chính quy tại bất kỳ một trường Tâm Lý nào) mà còn là sự nghi ngờ của cả hai trường phái Jung-Freud (những người theo Freud tuyên bố MBTI không liên quan chút gì đến trường phái của họ, và Jung cũng vậy).

Vậy đấy, hôm nay người ta có thể báng bổ thứ mà họ tôn thờ, và ngày mai có thể sẽ tôn thờ thứ mà họ đã từng báng bổ. Hãy vững tin về lý luận của bản thân ngay cả khi cả thế giới chống lại nó.

Cách Phân Loại

MBTI phân loại tính cách dựa trên 4 nhóm cơ

bản gọi là dichotomies, mỗi nhóm là một cặp lưỡng phân của 8 yếu tố chức năng, nhận thức:

- Attitudes (Xu Hướng): Hướng ngoại (Extraversion - E) - Hướng nội (Introversion - I)

- Functions perceiving (Chức Năng Cảm Thụ): Giác quan (Sensing - S) - Trực giác (INtution - N)

- Functions judging (Chức Năng Phán Xét): Lý trí (Thinking - T) - Tình cảm (Feeling - F)

- Lifestyle (Lối Sống): Nguyên tắc (Judgment - J) - Linh hoạt (Perception - P)

Trong các cặp yếu tố này, chỉ có 3 cặp đầu là do Jung đề xuất, cặp cuối cùng do Myers-Briggs đề xuất. Chú ý là mỗi con người đều tồn tại song song các yếu tốn này, nhưng sự vượt trội của một phần trong số chúng là có thật. Chính phần vượt trội đó tạo thành tính cách.

MBTI và Major Arcana

Sau đây là hệ thống do tôi đề xuất, dựa trên các hiểu biết của mình về MBTI. Tôi tham khảo một vài sự liên hệ gần đây, nhưng vẫn không hệ thống nào tỏ ra hợp lệ. Bằng sự kết hợp các cấu trúc trong các bảng tổng hợp, tôi đề xuất cách nhìn được trình bày trong bản như sau:

ISTJ	ISFJ	INTJ	INFP
The Death [The Devil]	The Popess [The Moon]	The Pope [The Sun]	The Temperance [The Devil]
ISTP	ISFP	INFJ	INTP
Hanged Man [The Tower]	The Judgement [Wheel of Fortune]	The Lovers [Wheel of Fortune]	The Chariot [The Star]
ESTJ	ESFJ	ENTJ	ENFP
The Justice [The Tower]	The Empress [The Moon]	The Emperor [The Star]	The Strengh [The Sun]
ESTP	ESFP	ENFJ	ENTP
The World [Wheel of Fortune]	The Magician [The Star]	The Hermit [The Moon]	The Fool [The Sun]

Major Arcana và MBTI theo Tarot Huyền Bí

Ta có 22 lá Major Arcana, chia thành 2 nhóm: nhóm chính gồm 16 lá ứng với 16 nguyên mẫu; nhóm phụ gồm 6 lá ứng với 16 nguyên mẫu (được ghi bằng dấu [...]). Nhóm chính gồm các nguyên mẫu chính thức được gáng bằng các lá mang hình ảnh cá nhân (chứa người xác định); còn nhóm phụ gồm các nguyên mẫu phụ được

32

gáng bằng các lá mang tính biểu trưng (chứa đồ vật hay quan niệm).

Nhóm chính gồm: The Fool, The Magician, The Popess, The Pope, The Empress, The Emperor, The Lovers, The Chariot, The Justice, The Hanged Man, The Hermit, The Death, The Temperance, The Strengh, The Judgement, The World.

Nhóm phụ gồm: The Devil, The Tower, The Wheel of Fortune, The Star, The Moon, The Sun.

Nguyên tắc nối kết cũng khá đơn giản. Đầu tiên, dựa vào các nguyên mẫu gốc của Jung, tôi lọc ra các lá bài chứa nguyên mẫu nhân vật. Kế tiếp là lọc ra các lá bài chứa nguyên mẫu biểu tượng. Một số lá bài chứa cả hai như The Lovers, The Devil, The Chariot ... buộc tôi phải cân nhắc kỹ lưỡng nhằm đạt được tính cân bằng. Dựa vào nguyên mẫu gốc và nguyên mẫu MBTI, tôi kết nối lại các lá bài phù hợp với mô tả của Myers-Briggs. Cân nhắc lại các vị trí và so sánh với các bảng đối chiếu khác để hoàn thành hệ thống này.

Một cấu trúc biểu trưng khác từng được đưa ra tại personalitycafe.com, nhưng chỉ xếp 16 lá tương ứng, được trích dẫn như sau:

- ESFP - The Fool (Beginning, spontaneity, faith, apparent folly)

- ENTP - The Magician (Action, conscious awareness, concentration, power)

- INTP - The High Priestess (Nonaction, unconscious awareness, potential, mystery)

- ESFJ - The Empress (Mothering, abundance, senses, nature)

- ESTJ - The Emperor (Fathering, structure, authority, regulation)

- ENFJ - The Hierophant (Education, belief systems, conformity, group identification)

- ENTJ - The Chariot (Victory, will, self-assertion, hard control)

- ISFJ - Strength (Strength, patience, compassion, soft control)

- INTJ - The Hermit (Introspection, searching, guidance, solitude)

- ISTJ - Justice (Justice, responsibility, decision, cause & effect)

- INFP - The Hanged Man (Letting go, reversal, suspension, sacrifice)

- ISFP - Temperance (Temperance, balance, health, combination)

- ENFP - The Star (Hope, inspiration, generosity, serenity)

- INFJ - The Moon (Fear, illusion, imagination, bewilderment)

- ESTP - The Sun (Enlightenment, greatness, vitality, assurance)

- ISTP - Judgement (Judgement, rebirth, inner calling, absolution)

MBTI và Minor Arcana

(Court Card - Lá Mặt)

MBTI đã từng được phát triển trong lá mặt bởi rất nhiều chuyên gia, vì vậy, tôi không cần tự xây dựng cho mình một hệ thống nào nữa. Hiện tại, có 3 hệ thống xây dựng chính: của Mary.K.Greer, của Linda Grail Walters, của Jana Riley. Tôi lấy lại phần tổng hợp trong cuốn Understanding the Tarot Court của Mary K. Greer.

		Wands (N)	Cups (F)	Swords (T)	Pentacles (S)
Kings	Greer	ENTP	ESFP	ESTJ	ESTP
	Riley	ENTP	ESFJ	ESTJ	ESTP
	Walters	ENTJ	ENFJ	ESTJ	ESFJ
Queens	Greer	INTJ	ISFP	INTP	ISTJ
	Riley	INTJ	ISFP	ISTP	ISTJ
	Walters	INTJ	INFJ	ISTJ	ISFJ
Knights	Greer	ENFP	INFP	ENTJ	ESFJ
	Riley	ENFP	ENFJ	ENTJ	ESFP
	Walters	ENTP	ENFP	ESTP	ESFP
Pages	Greer	INFJ	ENFJ	ISTP	ISFJ
	Riley	INFJ	INFJ	INTP	ISFJ
	Walters	INTP	INFP	ISTP	ISFP

Note: The underlined letters indicate the suit's predominant identifying characteristic.

Trích từ cuốn Tarot Court của Greer.

Walters xây dựng bản phân loại này đựa trên nguyên tắc nguyên tố của lá Court Card bởi Golden Dawn. Cụ thể: Wands, Cups, Swords, Pentacles lần lượt được gáng cho Fire (lửa), Water (nước), Air (khí), Earth (đất); còn Kings, Queens, Knights, Pages cũng lần lượt được gán cho Fire (lửa), Water (nước), Air (khí), Earth (đất). Từ đó bằng việc gán cho mỗi nguyên tố một cặp dichotomies, bốn đầu hình (4 suits) đại diện cho 4 Chức Năng Cảm Thụ và Phán Xét còn bốn kiểu mặt (4 Court) đại diện cho Xu Hướng (Attitudes) và Lối Sống (Lifestyle). Xem hình bên dưới:

Wands (Fire- lửa)	NT	iNtuitive - Thinking
Cups (Water-nước)	NF	iNtuitive - Feeling
Swords (Air-khí)	ST	Sensing - Thinking
Pentacles (Earth-đất)	SF	Sensing - Feeling

Kings (Fire- lửa)	E-J	Extraverted - Judging
Queens (Water-nước)	I-J	Introverted - Judging
Knights(Air-khí)	E-P	Extraverted - Perceiving
Pages (Earth-đất)	I-P	Introverted - Perceiving

Phân bố 4 đầu hình (Suits) và 4 hoàng gia (Court Cards) của Tarot trong MBTI.

Đặc điểm dễ nhận thấy nhất là Riley và Walters đưa phụ nữ (Queens và Pages) ở dạng Introversion; đưa đàn ông (Kings và Knights) ở dạng Extraversion. Điều này theo Greer là vô lý, vì vậy bà đã chỉnh lại để cân bằng lại. Tuy nhiên, đáng tiếc là hành động đó khiến cho sự cân bằng trong bố trí của Walters bị đảo lộn, cái đẹp trong sự hài hòa của Walters cũng không còn. Trong một bài viết của mình[1], Walters đã phản bác lại vấn đề này của Greers rằng trong sách của Mary Greer đã đưa bản phân loại này vào và phân tích rằng bản phân loại của bà sử dụng Introversion cho phụ nữ là không phù hợp [vì phân biệt giới tính], thực ra đây là cách thức cổ điển cho nguyên mẫu của lá này và là cách hiểu chung của mọi người [và mỗi lá bài ám chỉ đến một tính cách chứ không phải đối tượng, lá Queen không ám chỉ hoàn toàn một phụ nữ mà ám chỉ một người mang tính chất của "phụ nữ" nói chung][2]

Ngoài ra, còn có bản phân loại của www.arielspeaks.com. Bản phân loại này dựa

---

[1] Bài viết "Realms of Personality: The Jungian Personalities of the Tarot Courts" của Walters.

[2] (Nguyên văn: "In her book, Understanding the Tarot Court3, Mary Greer is bothered by the fact that my system (quite coincidentally) makes all of the traditionally female cards Introverted (see page 66). Again, this is partially due to the common usage of the term and also due to the tradition of using the Courts as significators."). Cá nhân tôi ủng hộ giả thiết của Walters. Vì vậy, tôi lấy quan điểm của Walters làm lý luận cho các phần bên dưới.

trên sự tương quang giữa Tarot - Astrology (chủ yếu là cung, và mùa) và Astrology - MBTI. Tôi trích dưới đây:

Page of Wands - Sagittarius - INTP
Page of Cups - Pisces - ESTP
Page of Swords - Gemini - INFJ
Page of Pentacles - Virgo - ESTJ

Knight of Wands - Spring - ENTP
Knight of Cups - Summer - ISTP
Knight of Swords - Fall - ENFJ
Knight of Pentacles - Winter - ISTJ

Queen of Wands - Leo - ENFP
Queen of Cups - Scorpio - ISFP
Queen of Swords - Aquarius - ENTJ
Queen of Pentacles - Taurus - ISFJ

King of Wands - Aries - INFP
King of Cups - Cancer - ESFP
King of Swords - Libra - INTJ
King of Pentacles - Capricorn - ESFJ

Astrology và MBTI trên Arielspreaks.com

MBTI và Minor Arcana (Pips Cards)

Với Pips Cards, hầu như chưa có nhà nghiên cứu nào đề xuất một chuẩn mực cho nó. Vì vậy, tôi buộc phải thực hiện việc này một mình.

Trước hết, ta gặp khó khăn lớn vì các nguyên mẫu mà Jung dùng là bộ Tarot de Marseille, mà như ta đã biết, các lá Pips Cards chứa rất ít tư liệu về nguyên mẫu (so với Major Arcana thì khó khăn hơn nhiều vì Major Arcana chứa sẵng các nguyên mẫu điển hình). Đối với các đầu hình (4 suits), tôi áp dụng lại các nguyên lý của Walters, vốn được chấp nhận rộng rãi. Walters sử dụng 4 đầu hình để giải quyết 4 Chức Năng (Functions), vì vậy, việc còn lại là giải quyết Xu Hướng (Attitudes) và Lối Sống (Lifestyles) tương ứng từ 1-10 pips. Tôi sử dụng đến 2 phương tiện để giải quyết vấn đề này: một là giải nghĩa của A.E.Waite, hai là cấu trúc của Jodorowsky trong việc giải quyết pips cards của Tarot de Marseille. Tôi buộc phải chọn đâu là phương tiện chính và phụ để giải quyết vấn đề. Đọc lại các tư liệu của cả hai, tôi nhận thấy sẽ dễ dàng đạt được sự tương ứng chính xác nếu dùng cấu trúc Jodorowsky làm nền tảng và sau đó bổ sung hiệu chỉnh lại bằng giải nghĩa của Waite. Dựa vào cấu trúc Jodorowsky, ta có thể tách được 2 nhóm pips: Reception và Action[3]. Đồng thời còn cho ta được sự tương ứng của các lá pips và 4 kiểu mặt (court types)[4]. Một số kiến thức liên quan hữu ích là cấu trúc 3 lớp của Papus.

Tôi xây dựng cấu trúc của Minor Arcana và MBTI đựa vào 5 quy tắc như sau:

- Quy tắc 1: Từ 1-10 chia thành các cặp/nhóm như 1; 2-3; 4-5; 6-7; 8-9; 10. Trong đó các cặp thể hiện tính lưỡng tính nam-nữ. Số chẵn được coi là mang tính thụ động, số lẻ được coi là chủ động. Điều này giống với quy tắc âm-dương của châu Á. Tôi coi việc chia 2 này tương ứng với nhân tố Lối Sống (Lifestyle): Nguyên Tắc

---

[3] là quy tắc dựa trên lý luận của Jodorowsky
[4] là quy tắc dựa trên lý luận của Jodorowsky

[thụ động] hay Linh Hoạt [chủ động][5].

- Quy Tắc 2: Quy tắc cửa sổ trượt, 1 và 10 được coi là mở đầu và kết thúc chu kỳ học hỏi kinh nghiệm. Các lá 2-3-4-5 được coi đại diện cho Đất, 4-5-6-7 đại diện cho Người, 6-7-8-9 đại diện cho Trời. Đó là 3 yếu tố trinity trong Tarot, nhưng cách gọi tên sự phân chia này có lẽ ảnh hưởng yếu tố châu Á. Tôi coi việc tiến dần từ Đất lên Trời, tương ứng với sự biến chuyển từ Nội Tâm Bên Trong ra Phản Ứng Bên Ngoài, hay nói cách khác thể hiện Xu Hướng (Attitudes): Hướng Nội hay Hướng Ngoại. Dùng kết hợp với Quy Tắc 3 để giải quyết lá số 1-10[6]

- Quy Tắc 3: Quy tắc tương ứng các Pip từ 1-10 và các Lá Mặt (Court Cards), tức là 2-3 tương ứng Pages, 4-5 tương ứng Queens, 6-7 tương

---

ứng Kings, 8-9 tương ứng Knights. Từ đó ta có thể áp dụng quy tắc Walters lên 4 kiểu mặt (Court Styles) đại diện cho 4 Xu Hướng (Attitudes) và Lối Sống (Lifestyles). Chú ý là không có sự tương ứng giữa lá 1 – 10 [7]

- Quy Tắc 4: Quy tắc tương ứng 4 kiểu mặt (Court Styles) với Xu Hướng và Lối Sống theo lý luận của Walters. Quy tắc này kết hợp với quy tắc 3[8].

- Quy Tắc 5: Quy tắc tương ứng 4 đầu hình (4 suits) với 4 Chức Năng Cảm Thụ và Phán Xét theo lý luận của Walters[9].

Vậy, bằng cách kết hợp toàn bộ quy tắc này cùng sự tương ứng của các quy tắc và MBTI, ta thành lập được bảng tương ứng Minor Arcana

---

[7] là quy tắc dựa trên lý luận của Jodorowsky
[8] là quy tắc dựa trên lý luận của Walters.
[9] là quy tắc dựa trên lý luận của Walters.

(Pips Cards) và MBTI[10]. Kết quả của bảng MBTI dành cho Minor Arcana (Pip Cards) như sau:

	Wands	Cups	Swords	Pentacles	
Ace	INTP	INFP	ISTP	ISFP	IP (Introversion - Perceiving)
2	INTJ	INFJ	ISTJ	ISFJ	IJ (Introversion - Judging)
3	INTP	INFP	ISTP	ISFP	IP (Introversion - Perceiving)
4	INTJ	INFJ	ISTJ	ISFJ	IJ (Introversion - Judging)
5	INTP	INFP	ISTP	ISFP	IP (Introversion - Perceiving)
6	ENTJ	ENFJ	ESTJ	ESFJ	EJ (Extraversion - Judging)
7	ENTP	ENFP	ESTP	ESFP	EP (Extraversion - Perceiving)
8	ENTJ	ENFJ	ESTJ	ESFJ	EJ (Extraversion - Judging)
9	ENTP	ENFP	ESTP	ESFP	EP (Extraversion - Perceiving)
10	ENTJ	ENFJ	ESTJ	ESFJ	EJ (Extraversion - Judging)
	NT (INtuitive - Thinking)	NF (INtuitive - Feeling)	ST (Sensing - Thinking)	SF (Sensing - Feeling)	

Minor Arcana và MBTI. Ảnh: Tarot Huyền Bí

Bảng phía dưới đây kèm theo các quy tắc để các bạn nắm rõ hơn cách cấu thành từ các quy

---

[10] Các lý luận này được thể hiện ở cuốn La Voie De Tarot của Jodorowsky, trang 85,92.

tắc đã nêu bên trên:

	Wands	Cups	Swords	Pentacles	Xu Hướng (Attitudes) theo Quy Tắc 2	Tương Ứng Waters theo Quy Tắc 3 và 4	Lối Sống (Lifestyles) theo Quy Tắc 1
Ace	INTP	INFP	ISTP	ISFP			
2	INTJ	INFJ	ISTJ	ISFJ		Pages (I - Introversion)	J (Judging - Nguyên tắc)
3	INTP	INFP	ISTP	ISFP	I (Hướng Nội - Introversion)		P (Perceiving - Linh hoạt)
4	INTJ	INFJ	ISTJ	ISFJ		Queens (I - Introversion)	J (Judging - Nguyên tắc)
5	INTP	INFP	ISTP	ISFP			P (Perceiving - Linh hoạt)
6	ENTJ	ENFJ	ESTJ	ESFJ		Kings (E - Extraversion)	J (Judging - Nguyên tắc)
7	ENTP	ENFP	ESTP	ESFP	E (Hướng Ngoại - Extraversion)		P (Perceiving - Linh hoạt)
8	ENTJ	ENFJ	ESTJ	ESFJ		Knights (E - Extraversion)	J (Judging - Nguyên tắc)
9	ENTP	ENFP	ESTP	ESFP			P (Perceiving - Linh hoạt)
10	ENTJ	ENFJ	ESTJ	ESFJ			
	NT (Intuitive - Thinking)	NF (Intuitive - Feeling)	ST (Sensing - Thinking)	SF (Sensing - Feeling)			
	Tương Ứng 4 đầu hình và Chức Năng (Function) theo Quy Tắc 5						

Một số quan điểm khác của sự tương ứng các đầu hình và 4 Chức Năng Cảm Nhận và Phán Xét được trích ra ở đây:

- NF (intuitive feeling) = Cups = Water

- NT (intuitive thinking) = Swords = Air

- SF (sensing feeling) = Wands = Fire

- ST (sensing thinking) = Coins/Pentacles = Earth

Trong bài này, tôi đã cung cấp 3 bảng MBTI dành cho Major Arcana, Minor Arcana (Lá hình), Minor Arcana (Lá số). Trong đó Major Arcana và Minor Arcana (Lá số) được tôi xây dựng và đề xuất, dựa trên quan điểm của Jung, Jodorowsky và Walters. Minor Arcana (Lá hình) có 3 hệ thống đang được sử dụng, và tôi ủng hộ hệ thống của Walters.

Tarot và Nhân Dạng Tâm Lý Qua MBTI

Mỗi lá bài ứng với một định dạng tính cách MBTI, dựa vào lá bài đó, có thể định hình tính cách điển hình của nhân vật đang được tìm kiếm hay nhân vật đang cần biết. Sau đây là sự mô tả 16 định dạng tính cách mà ta lấy ở NERIS Analytics.

INTJ: Kiến Trúc Sư

Kiến trúc sư (INTJ) là một người có các đặc

điểm tính cách Hướng nội, Trực giác, Suy nghĩ và Đánh giá. Những nhà chiến thuật chu đáo này thích hoàn thiện các chi tiết của cuộc sống, áp dụng sự sáng tạo và hợp lý vào mọi việc họ làm. Thế giới nội tâm của họ thường riêng tư và phức tạp.

Anh ấy có thể cô đơn trên đỉnh cao. Là một trong những kiểu tính cách hiếm gặp hơn - và là một trong những người có năng lực nhất - các kiến trúc sư (INTJ) biết quá rõ điều này. Các kiến trúc sư có lý trí và nhanh nhạy có thể gặp khó khăn trong việc tìm kiếm những người có thể theo kịp các phân tích liên tục của họ về mọi thứ xung quanh họ.

Những tính cách này có thể là sự táo bạo nhất của những người mơ mộng và cay đắng nhất của những người bi quan. Các kiến trúc sư tin rằng với sức mạnh ý chí và trí thông minh của mình, họ có thể đạt được những mục tiêu dù là khó khăn nhất. Nhưng họ có thể hoài nghi về bản chất con người nói chung, cho rằng hầu hết mọi người đều lười biếng, thiếu trí tưởng tượng hoặc chỉ cam chịu sự tầm thường.

Các kiến trúc sư có được phần lớn lòng tự trọng từ kiến thức và sự nhạy bén về tinh thần của họ. Ở trường, những người có kiểu tính cách này có thể từng bị gọi là "mọt sách" hoặc "mọt sách". Nhưng thay vì coi những nhãn này là sự xúc phạm, nhiều kiến trúc sư đang chấp nhận chúng. Họ tự tin vào khả năng tự học - và thành thạo - bất kỳ môn học nào mà họ quan tâm, cho dù đó là mã hóa, capoeira hay âm nhạc cổ điển.

Kiến trúc sư có thể kiên quyết, với chút kiên nhẫn đối với những điều phù phiếm, sao nhãng hoặc những lời đàm tiếu không cần thiết. Điều đó nói rằng, sẽ là một sai lầm nếu rập khuôn những tính cách này là mờ nhạt hoặc thiếu hài hước. Nhiều kiến trúc sư được biết đến với sự dí dỏm bất cần và bên dưới vẻ ngoài nghiêm túc, họ thường có khiếu hài hước châm biếm sắc sảo và ngon lành.

Kiến trúc sư đặt câu hỏi về mọi thứ. Nhiều kiểu tính cách tin tưởng vào hiện trạng, dựa vào trí tuệ thông thường và kiến thức chuyên môn của người khác trong cuộc sống của họ. Nhưng các kiến trúc sư vẫn còn hoài nghi thích tự khám phá. Trong nhiệm vụ tìm kiếm những cách làm tốt hơn, họ không sợ vi phạm các quy tắc hoặc có nguy cơ bị từ chối - trên thực tế, họ thích điều đó hơn.

Nhưng như bất kỳ ai có kiểu tính cách này sẽ nói với bạn, một ý tưởng mới chẳng có giá trị gì trừ khi nó thực sự hoạt động. Các kiến trúc sư muốn thành công, không chỉ để sáng tạo. Họ mang đến một động lực duy nhất cho các dự án đam mê của họ, áp dụng tất cả sức mạnh của sự sáng suốt, logic và ý chí của họ. Và thiên đường giúp đỡ bất cứ ai cố gắng làm chậm họ bằng cách thực thi các quy tắc không cần thiết hoặc đưa ra những đánh giá thiếu cân nhắc.

Kiểu tính cách này đi kèm với tính cách độc lập mạnh mẽ. Các kiến trúc sư không ngần ngại hành động một mình, có lẽ vì họ không thích đợi người khác bắt kịp mình. Họ cũng thường cảm thấy thoải mái khi đưa ra quyết định mà không cần tìm kiếm lời khuyên của người khác. Đôi khi hành vi của con sói đơn độc này có vẻ nhẫn tâm vì nó phớt lờ những suy nghĩ, mong muốn và kế hoạch của người khác.

Kiến trúc sư không được biết đến là người ấm áp và mờ nhạt. Họ có xu hướng ưu tiên tính hợp lý và thành công hơn lịch sự và những trò đùa -

nói cách khác, họ muốn đúng hơn là phổ biến. Điều này có thể giải thích tại sao rất nhiều nhân vật phản diện hư cấu được mô phỏng theo kiểu tính cách này.

Bởi vì các kiến trúc sư coi trọng sự thật và chiều sâu, nhiều thực tiễn xã hội phổ biến - từ buôn chuyện đến dối trá - có vẻ không cần thiết hoặc hết sức ngớ ngẩn đối với họ. Do đó, họ có thể vô tình bị coi là thô lỗ hoặc thậm chí xúc phạm khi họ chỉ cố gắng trung thực. Đôi khi các kiến trúc sư có thể tự hỏi liệu giao dịch với người khác có đáng không.

Nhưng giống như bất kỳ kiểu tính cách nào, các kiến trúc sư khao khát tương tác xã hội - họ chỉ thích vây quanh mình với những người chia sẻ giá trị và ưu tiên của họ. Thông thường, họ có thể đạt được điều này chỉ bằng cách là chính mình. Khi các kiến trúc sư theo đuổi sở thích của họ, sự tin tưởng tự nhiên của họ có thể thu hút mọi người đến với họ - về mặt nghề nghiệp, xã hội.

Đây là kiểu tính cách đầy mâu thuẫn. Các kiến trúc sư giàu trí tưởng tượng nhưng quyết đoán, tham vọng nhưng riêng tư và tò mò nhưng tập trung. Nhìn từ bên ngoài, những mâu thuẫn này có vẻ áp đảo, nhưng chúng thực sự có ý nghĩa khi bạn hiểu được hoạt động bên trong tâm trí của kiến trúc sư.

Đối với các kiến trúc sư, cuộc đời giống như một ván cờ khổng lồ. Dựa vào chiến lược hơn là sự may rủi, họ kiểm tra điểm mạnh và điểm yếu của mỗi nước đi trước khi thực hiện. Và họ không bao giờ đánh mất niềm tin rằng với đủ sự khéo léo và sáng suốt, họ có thể tìm ra cách để chiến thắng, bất kể thử thách nào có thể nảy sinh trên đường đi.

INTP: Nhà Logic Học

Nhà logic học (INTP) là một người có các đặc điểm tính cách Hướng nội, Trực quan, Phản xạ và Thích tìm tòi. Những người suy nghĩ linh hoạt này thích thực hiện một cách tiếp cận độc đáo đối với nhiều khía cạnh của cuộc sống. Họ thường tìm kiếm những con đường không chắc chắn, sẵn sàng hòa nhập để trải nghiệm sự sáng tạo cá nhân.

Các nhà logic học tự hào về quan điểm độc đáo và trí thông minh mạnh mẽ của họ. Họ không thể không thắc mắc về những bí ẩn của vũ trụ - điều có lẽ giải thích tại sao một số triết gia và nhà khoa học có ảnh hưởng nhất mọi thời đại lại là nhà Logic học. Kiểu tính cách này khá hiếm gặp, nhưng với óc sáng tạo và óc sáng tạo của mình, các nhà Logic học không ngại nổi bật.

Các nhà logic học thường chìm đắm trong suy nghĩ của họ - đó chắc chắn không phải là một điều xấu. Những người có kiểu tính cách này hầu như không bao giờ ngừng suy nghĩ. Ngay sau khi họ thức dậy, tâm trí của họ sôi sục với những ý tưởng, câu hỏi và ý tưởng. Đôi khi họ thậm chí có thể thấy mình đang có những cuộc tranh luận gay cấn trong đầu.

Nhìn từ bên ngoài, các nhà Logic học có vẻ như đang sống trong một giấc mơ bất tận. Họ nổi tiếng là người trầm ngâm, tách biệt và hơi dè dặt. Đó là, cho đến khi họ cố gắng đào tạo tất cả năng lượng tinh thần của họ vào thời điểm hoặc người ở bên cạnh, điều này có thể gây khó chịu một chút cho mọi người. Nhưng dù họ ở trong chế độ nào, những người theo thuyết Logic đều là những người hướng nội và có xu hướng mệt mỏi với quá trình xã hội hóa lâu dài. Sau một ngày dài, họ thèm có thời gian ở một mình để tham khảo những suy nghĩ của bản thân.

Nhưng sẽ là sai lầm khi nghĩ rằng các nhà Logic học là thù địch hoặc căng thẳng. Khi họ kết nối với một người có thể phù hợp với năng lượng tinh thần của họ, những tính cách này hoàn toàn sáng lên, nhảy từ suy nghĩ này sang suy nghĩ khác. Rất ít điều giúp họ tràn đầy năng lượng như cơ hội trao đổi ý kiến hoặc tận hưởng cuộc tranh luận sôi nổi với một tâm hồn tò mò và thắc mắc khác.

Các nhà logic học thích phân tích các mô hình. Nếu không thực sự biết họ làm điều đó như thế nào, những người có kiểu tính cách này thường có sở trường giống Sherlock Holmes về khuyết điểm và sự bất thường. Nói cách khác, nói dối họ là một ý kiến tồi.

Trớ trêu thay, các nhà Logic học không phải lúc nào cũng nên giữ lời. Họ hiếm khi có ý định không trung thực, nhưng với đầu óc năng động của mình, đôi khi họ tràn ngập những ý tưởng và lý thuyết mà đến cuối cùng họ vẫn chưa nghĩ ra. Họ có thể thay đổi suy nghĩ về bất cứ điều gì, từ kế hoạch cuối tuần cho đến nguyên tắc đạo đức cơ bản, không bao giờ nhận ra rằng dường như họ đã đưa ra quyết định ngay từ đầu. Thêm vào đó, họ thường vui vẻ đóng vai người biện hộ cho ma quỷ để có được một cuộc thảo luận thú vị.

Đối với các nhà Logic học, các cuộc trò chuyện tốt nhất giống như các phiên động não, có nhiều chỗ cho những suy nghĩ độc đáo và những giả định kỳ quặc. Các nhà logic học có thể dành cả ngày để suy nghĩ về các ý tưởng và khả năng - và họ thường làm vậy. Tuy nhiên, công việc thực tế hàng ngày để biến những ý tưởng này thành hiện thực không phải lúc nào họ cũng quan tâm. May mắn thay, khi phải mổ xẻ một vấn đề phức tạp, nhiều tầng và tìm ra một giải pháp sáng tạo, ít kiểu tính cách nào có thể sánh được với thiên tài và tiềm năng sáng tạo của các nhà Logic học.

Những người có tính cách này muốn hiểu mọi thứ trong vũ trụ, nhưng một lĩnh vực đặc biệt khiến họ huyền bí: bản chất con người. Như tên gọi của chúng cho thấy, các nhà Logic học cảm thấy thoải mái hơn trong lĩnh vực logic và hợp lý. Kết quả là, họ có thể bị bối rối bởi những cách thức phi logic và phi lý, trong đó cảm xúc và cảm xúc ảnh hưởng đến hành vi của mọi người, bao gồm cả của họ.

Điều này không có nghĩa là các nhà Logic học là vô cảm. Những tính cách này thường muốn hỗ trợ tinh thần cho bạn bè và người thân của họ, nhưng họ thực sự không biết làm thế nào. Và bởi vì họ không thể quyết định cách tốt nhất và hiệu quả nhất để cung cấp hỗ trợ, họ có thể từ chối làm hoặc nói bất cứ điều gì.

"Sự tê liệt của phân tích" này có thể ảnh hưởng đến một số lĩnh vực trong cuộc sống của các nhà Logic học. Những người có kiểu tính cách này có thể suy nghĩ quá nhiều ngay cả những quyết định nhỏ nhất. Nó khiến họ cảm thấy không hiệu quả và bế tắc, kiệt sức vì dòng suy nghĩ miên man trong đầu đến nỗi họ rất khó hoàn thành công việc.

Tin tốt là Logicians không phải bị mắc kẹt lâu. Điểm mạnh độc đáo của họ bao gồm mọi thứ họ cần để thoát ra khỏi những lối mòn mà đôi khi họ rơi vào. Bằng cách tận dụng sự sáng tạo của họ và từ tính cách cởi mở, các nhà Logic học có thể phát huy hết tiềm năng của mình - vừa là nhà tư tưởng vừa là người hạnh phúc, cân bằng.

ENTJ: Nhà Chỉ Huy

Chỉ huy (ENTJ) là một người có tính cách hướng ngoại, trực giác, suy nghĩ và phán đoán. Họ là những người quyết đoán, yêu thích động lực và thành tích. Họ thu thập thông tin để xây dựng tầm nhìn sáng tạo của mình nhưng hiếm khi chần chừ lâu trước khi hành động.

Chỉ huy là những nhà lãnh đạo bẩm sinh. Những người có kiểu tính cách này là hiện thân của sự lôi cuốn và sự tự tin, và quyền hạn trong dự án theo cách tập hợp đám đông lại với nhau vì một mục tiêu chung. Tuy nhiên, những người chỉ huy cũng rất lý trí với mức độ đức tin thường tàn nhẫn, sử dụng động lực, quyết tâm và sự thông minh nhanh nhạy để đạt được mục tiêu mà họ đặt ra cho mình. Có thể là tốt nhất nếu họ chỉ chiếm ba phần trăm dân số, ít nhất họ áp đảo các loại tính cách nhút nhát và nhạy cảm hơn chiếm phần lớn phần còn lại của thế giới - nhưng chúng tôi có các chỉ huy để cảm ơn vì nhiều doanh nghiệp và các tổ chức chúng ta coi đó là điều hiển nhiên hàng ngày.

Nếu có điều gì đó mà chỉ huy yêu thích, đó là một thách thức tốt, dù lớn hay nhỏ, và họ tin chắc rằng với đủ thời gian và nguồn lực, họ có thể đạt được bất kỳ mục tiêu nào. Phẩm chất này khiến những người có tính cách Chỉ huy trở thành những doanh nhân thành đạt, và khả năng suy nghĩ chiến lược và tập trung vào dài hạn trong khi thực hiện từng bước một với quyết tâm và khiến họ trở thành những nhà lãnh đạo doanh nghiệp mạnh mẽ. Quyết tâm này thường là một lời tiên tri tự hoàn thành, khi các chỉ huy theo đuổi mục tiêu của họ với một ý chí trong sáng, nơi những người khác có thể từ bỏ và tiếp tục, và bản chất hướng ngoại của họ (E) có nghĩa là họ có khả năng thúc đẩy mọi người khác cùng họ, để đạt được thành tựu ngoạn mục. các kết quả. kết quả trong quá trình.

Trên bàn đàm phán, dù là trong môi trường công ty hay khi mua xe, các cấp chỉ huy đều chiếm ưu thế, nhẹ dạ cả tin và tàn nhẫn. Chỉ bởi vì họ lạnh lùng hoặc cố hữu độc ác - điều mà người chỉ huy thực sự đánh giá cao sự thử thách, cuộc đấu trí, sự đối đáp đến từ môi trường đó, và nếu phía bên kia không thể làm theo thì không có lý do gì đối với Chỉ huy tuân theo nguyên lý cơ bản của chính họ về chiến thắng cuối cùng.

Nếu có bất kỳ ai mà các chỉ huy tôn trọng, đó là người có thể chống lại họ bằng trí tuệ, người có thể hành động với độ chính xác và chất lượng ngang bằng với chính họ. Tính cách của Người chỉ huy có một kỹ năng đặc biệt trong việc nhận ra tài năng của người khác và hỗ trợ họ trong nỗ lực xây dựng nhóm của họ (vì không ai, dù xuất sắc đến đâu, có thể làm tất cả một mình) và để Chỉ huy làm bằng chứng về sự kiêu ngạo và trịch thượng . Tuy nhiên, họ cũng có một kỹ năng đặc biệt trong việc lên tiếng chống lại thất bại của người khác với một mức độ nhẫn tâm đáng sợ, và đây là lúc những người chỉ huy thực sự bắt đầu gặp vấn đề.

Biểu hiện cảm xúc không phải là điểm mạnh của bất kỳ kiểu nhà phân tích nào, nhưng khoảng cách của các chỉ huy với cảm xúc của họ là đặc biệt công khai và được nhiều người trực tiếp cảm nhận. Đặc biệt là trong một môi trường chuyên nghiệp, những người chỉ huy sẽ chỉ đơn giản là bóp chết sự nhạy cảm của những người mà họ cho là kém hiệu quả, kém năng lực hoặc lười biếng. Đối với những người có kiểu tính cách Chỉ huy, biểu hiện cảm xúc là biểu hiện của sự yếu đuối và rất dễ gây thù chuốc oán với cách tiếp cận này. Các chỉ huy nên nhớ rằng họ hoàn toàn phụ thuộc vào việc có một nhóm chức năng, không chỉ để đạt được mục tiêu của họ, mà còn để xác nhận và phản hồi của họ, điều mà các Chỉ huy, kỳ lạ là, rất nhạy cảm.

Những người chỉ huy là những người có sức mạnh thực sự, và họ nuôi dưỡng hình ảnh của một người lớn hơn cuộc sống - và họ thường xuyên như vậy. Tuy nhiên, họ phải nhớ rằng tầm vóc của họ không chỉ đến từ hành động của chính họ, mà từ hành động của nhóm hỗ trợ họ, và điều quan trọng là phải công nhận những đóng góp, tài năng và nhu cầu, đặc biệt là về quan điểm tình cảm, mạng lưới hỗ trợ của họ. Trong khi họ phải áp dụng tâm lý "giả vờ cho đến khi bạn làm", nếu các chỉ huy có thể kết hợp sự tập trung lành mạnh về mặt cảm xúc với nhiều điểm mạnh của họ, họ sẽ được thưởng bằng những mối quan hệ sâu sắc và thỏa mãn và tất cả những chiến thắng khó khăn mà họ có thể giành được.

ENTP: Nhà Tranh Luận

Người tranh luận (ENTP) là một người có các đặc điểm tính cách Hướng ngoại, Trực giác, Phản xạ và Triển vọng. Họ có xu hướng táo bạo và sáng tạo, giải mã và tái tạo các ý tưởng với sự nhanh nhẹn về tinh thần. Họ theo đuổi mục tiêu của mình một cách mạnh mẽ bất chấp mọi sự phản kháng mà họ có thể gặp phải.

Không ai thích quá trình chiến đấu tinh thần hơn kiểu tính cách tranh luận, vì nó giúp họ có cơ hội thể hiện trí thông minh nhạy bén, kho kiến thức tích lũy lớn và khả năng kết nối các ý kiến trái chiều để chứng minh quan điểm của mình. Nhà tranh luận là người ủng hộ ma quỷ tối thượng, phát triển mạnh trên quá trình cắt nhỏ các lập luận và niềm tin và để các dải băng trôi trong gió cho mọi người nhìn thấy. Tuy nhiên, không phải lúc nào họ cũng làm được vì họ đang cố gắng đạt được mục tiêu sâu hơn hoặc mục tiêu chiến lược. Đôi khi chỉ vì một lý do đơn giản là nó rất vui.

Một sự trùng lặp kỳ lạ xảy ra với những người tranh luận, vì họ trung thực một cách kiên quyết, nhưng sẽ tranh luận không ngừng vì điều gì đó mà họ không thực sự tin tưởng, đặt mình vào vị trí của người khác để tranh luận một sự thật dưới góc độ khác.

Đóng vai người biện hộ cho ma quỷ giúp những người có kiểu tính cách tranh luận không chỉ phát triển khả năng suy luận của người khác tốt hơn mà còn hiểu rõ hơn về các ý tưởng đối lập - vì những người tranh luận là những người tranh luận chúng.

Không nên nhầm lẫn chiến thuật này với kiểu hiểu biết lẫn nhau mà tính cách ngoại giao tìm kiếm: những người tranh luận, giống như tất cả các kiểu tính cách của các nhà phân tích, luôn theo đuổi kiến thức, và cách nào tốt hơn để đạt được nó hơn là tấn công và bảo vệ một góc độ, từ mọi phía?

Có một niềm vui nhất định khi trở thành người ngoài cuộc, họ thích tập luyện tinh thần để đặt câu hỏi về lối suy nghĩ đang thúc đẩy, khiến nó trở nên không thể thay thế trong việc đại tu hệ thống hoặc làm rung chuyển mọi thứ và đưa chúng vào cuộc sống theo những hướng mới thông minh. Tuy nhiên, họ sẽ rất khổ sở trong việc quản lý các cơ chế hàng ngày để thực hiện các đề xuất của họ. Tính cách thích tranh luận thích suy nghĩ và nghĩ lớn, nhưng họ sẽ tránh bị bắt làm "việc lớn" bằng mọi giá. Những người tranh luận chỉ chiếm khoảng ba phần trăm dân số, điều này là công bằng vì nó cho phép họ đưa ra những ý tưởng ban đầu và sau đó lùi lại và để những nhân vật ngày càng khắt khe hơn lo hậu cần cho việc thực hiện và bảo trì.

Những người tranh luận có thể gây khó chịu - mặc dù thường được đánh giá cao khi được hỏi, nhưng họ có thể ngã quỵ một cách đau đớn khi giẫm lên chân người khác, chẳng hạn như công khai chất vấn sếp trong cuộc họp hoặc tước bỏ mọi điều mà đối tác của họ nói. Điều này càng trở nên phức tạp hơn bởi sự trung thực kiên định của Debaters, vì anh chàng này không nói nhiều lời và ít quan tâm đến việc bị coi là nhạy cảm hay nhân ái. Những kiểu người cùng chí hướng khá hòa thuận với những người có kiểu tính cách Tranh luận, nhưng những kiểu người nhạy cảm hơn, và xã hội nói chung, thường không thích xung đột, thích cảm tính, thoải mái, thậm chí nói dối trắng trợn dẫn đến sự thật khó chịu và lý trí khắc nghiệt.

Điều này khiến những người tranh luận thất vọng, và họ thấy rằng cuộc vui cãi vã của họ thường vô tình đốt cháy nhiều nhịp cầu, khi họ vượt qua ngưỡng của người khác để gạt niềm tin và cảm xúc của mình sang một bên. Đối xử với người khác như họ sẽ được đối xử, những người tranh luận ít khoan dung vì được nuông chiều và không thích khi mọi người đánh đập xung quanh, đặc biệt là khi yêu cầu một đặc ân. Những người thích tranh luận nổi tiếng về tầm nhìn, sự tự tin, kiến thức và khiếu hài hước, nhưng thường đấu tranh để sử dụng những phẩm chất này làm cơ sở cho tình bạn và mối quan hệ lãng mạn sâu sắc hơn.

Những người tranh luận có một con đường dài hơn hầu hết để khai thác khả năng tự nhiên của họ - sự độc lập về trí tuệ và tầm nhìn tự do của họ là vô cùng quý giá khi phụ trách, hoặc ít nhất là có tai của ai đó phụ trách, nhưng để đạt được điều này có thể cần một mức độ theo dõi nhất định mà những người tranh luận phải vật lộn với.

Một khi họ đã có được vị trí như vậy, những người tranh luận phải nhớ rằng để ý tưởng của họ thành hiện thực, họ sẽ luôn phụ thuộc vào những người khác để ghép các mảnh lại với nhau - nếu họ dành nhiều thời gian để tranh luận "thắng" hơn họ đã không làm '. không cần phải xây dựng sự đồng thuận, nhiều người tranh luận sẽ thấy rằng họ không có sự hỗ trợ cần thiết để thành công. Đóng vai người bênh vực ma quỷ nên những người tốt có kiểu tính cách này có thể thấy thách thức trí tuệ phức tạp và bổ ích nhất là hiểu một quan điểm tình cảm hơn, tranh luận và thỏa hiệp cùng với logic và sự tiến bộ.

INFJ: Nhà Luật Sư

Luật sư (INFJ) là một người có các đặc điểm tính cách Hướng nội, Trực giác, Cảm nhận và Đánh giá. Họ có xu hướng tiếp cận cuộc sống bằng suy nghĩ và trí tưởng tượng sâu sắc. Tầm nhìn bên trong của họ, giá trị cá nhân và một phiên bản âm thầm, nguyên tắc của chủ nghĩa nhân văn hướng dẫn họ trong tất cả mọi thứ.

Luật sư là loại nhân hiếm nhất trong số tất cả. Tuy nhiên, những người ủng hộ đang để lại dấu ấn của họ trên thế giới. Họ có ý thức sâu sắc về chủ nghĩa lý tưởng và sự chính trực, nhưng họ không phải là những kẻ mơ mộng viển vông - họ có hành động cụ thể để đạt được mục tiêu và có tác động lâu dài.

Sự kết hợp độc đáo giữa các đặc điểm tính cách của luật sư khiến chúng trở nên phức tạp và khá linh hoạt. Ví dụ, các luật sư có thể nói với niềm đam mê và niềm tin lớn, đặc biệt là khi đứng lên vì lý tưởng của họ. Tuy nhiên, vào những thời điểm khác, họ có thể chọn cách nhẹ nhàng và kiệm lời, thích giữ hòa khí hơn là thách thức người khác.

Những người bảo vệ thường cố gắng làm những gì đúng - và họ muốn giúp tạo ra một thế giới nơi những người khác cũng làm theo những gì đúng. Những người có kiểu tính cách này có thể cảm thấy được kêu gọi sử dụng thế mạnh của họ - bao gồm óc sáng tạo, trí tưởng tượng và sự nhạy cảm - để nâng đỡ người khác và lan tỏa lòng trắc ẩn. Các khái niệm như chủ nghĩa quân bình và nghiệp có thể có ý nghĩa rất lớn đối với các Luật sư.

Những người ủng hộ có thể coi việc giúp đỡ người khác là mục tiêu của họ trong cuộc sống. Họ gặp rắc rối bởi sự bất công và thường quan tâm đến lòng vị tha hơn là lợi ích cá nhân. Do đó, những người bảo vệ có xu hướng can thiệp khi họ thấy ai đó phải đối mặt với sự bất công hoặc khó khăn. Nhiều người có kiểu tính cách này cũng mong muốn giải quyết những vấn đề sâu sắc hơn trong xã hội, với hy vọng rằng sự bất công và khó khăn có thể trở thành dĩ vãng.

Các luật sư có thể dè dặt, nhưng họ giao tiếp một cách nồng nhiệt và nhạy cảm. Sự trung thực và sáng suốt về mặt cảm xúc này có thể tạo ấn tượng lớn đối với những người xung quanh.

Người luật sư coi trọng mối quan hệ chân thành và sâu sắc với người khác, và họ có xu hướng rất cẩn thận về cảm xúc của người khác. Điều đó nói rằng, những tính cách này cũng phải ưu tiên kết nối lại với chính họ. Những người ủng hộ cần dành thời gian ở một mình thỉnh thoảng để giải nén, nạp năng lượng và xử lý những suy nghĩ và cảm xúc của họ.

Đôi khi các luật sư có thể tập trung cao độ vào lý tưởng của họ đến nỗi họ không quan tâm đến bản thân. Những người ủng hộ có thể nghĩ rằng họ không được phép nghỉ ngơi cho đến khi họ đạt được tầm nhìn thành công duy nhất của mình, nhưng suy nghĩ này có thể dẫn đến căng thẳng và kiệt sức. Nếu điều này xảy ra, những người có kiểu tính cách này có thể cảm thấy cáu kỉnh bất thường.

Các luật sư có thể cảm thấy đặc biệt căng thẳng khi đối mặt với xung đột và chỉ trích. Những tính cách này có xu hướng hành động với mục đích tốt nhất và nó có thể khiến họ thất vọng khi người khác không thích điều đó. Đôi khi, ngay cả những lời chỉ trích mang tính xây dựng cũng có thể có vẻ cá nhân hoặc gây tổn thương sâu sắc cho những người bảo vệ.

Nhiều luật sư cảm thấy buộc phải tìm kiếm một nhiệm vụ suốt đời. Khi đối mặt với sự bất bình đẳng hoặc bất công, họ có xu hướng nghĩ, làm thế nào tôi có thể giải quyết vấn đề này. Chúng rất thích hợp để hỗ trợ một phong trào đúng sai, dù lớn hay nhỏ. Các luật sư chỉ cần nhớ rằng nếu họ bận chăm sóc thế giới, họ cũng cần chăm sóc bản thân.

INFP: Nhà Hòa Giải

Người hòa giải (INFP) là một người sở hữu các đặc điểm tính cách Hướng nội, Trực giác, Cảm nhận và Triển vọng. Những kiểu tính cách hiếm gặp này có xu hướng bình tĩnh, cởi mở và giàu trí tưởng tượng, và họ áp dụng cách tiếp cận quan tâm và sáng tạo cho mọi việc họ làm.

Mặc dù họ có thể tỏ ra điềm tĩnh hoặc khiêm

tốn, những người hòa giải (INFP) có đời sống nội tâm sôi nổi và đầy nhiệt huyết. Sáng tạo và giàu trí tưởng tượng, họ vui vẻ chìm đắm trong những giấc mơ ban ngày, nghĩ ra đủ loại câu chuyện và cuộc trò chuyện trong tâm trí. Những tính cách này được biết đến với sự nhạy cảm - những người hòa giải có thể có những phản ứng cảm xúc sâu sắc với âm nhạc, nghệ thuật, thiên nhiên và những người xung quanh họ.

Duy tâm và đồng cảm, những người hòa giải khao khát những mối quan hệ sâu sắc và cảm động, và họ cảm thấy được kêu gọi để giúp đỡ người khác. Nhưng bởi vì kiểu tính cách này đại diện cho một phần nhỏ dân số như vậy, những người hòa giải đôi khi có thể cảm thấy cô đơn hoặc vô hình, lạc lõng trong một thế giới dường như không đánh giá cao những đặc điểm khiến họ trở nên độc đáo.

Những người hòa giải chia sẻ sự tò mò chân thành đối với chiều sâu của bản chất con người. Nội tâm của trái tim, họ rất hòa hợp với suy nghĩ và cảm xúc của riêng mình, nhưng họ cũng khao khát hiểu những người xung quanh họ. Người hòa giải có lòng trắc ẩn và không phán xét, luôn sẵn sàng lắng nghe câu chuyện của người khác. Khi ai đó cởi mở với họ hoặc quay sang họ để thoải mái, họ cảm thấy tự hào khi được lắng nghe và giúp đỡ.

Đối với những người hòa giải, một mối quan hệ lý tưởng, dù đó là gì, là mối quan hệ mà cả hai người cảm thấy thoải mái khi chia sẻ không chỉ những hy vọng và ước mơ hoang dại nhất của họ, mà còn cả những nỗi sợ hãi và tổn thương thầm kín của họ.

Sự đồng cảm là một trong những món quà tuyệt vời nhất của kiểu tính cách này, nhưng đôi khi nó có thể là một khuyết tật. Các vấn đề của thế giới đè nặng lên vai của những người hòa giải, và những tính cách này có thể dễ bị ảnh hưởng bởi tâm trạng hoặc suy nghĩ tiêu cực của người khác. Trừ khi họ học cách thiết lập ranh giới, người hòa giải có thể cảm thấy choáng ngợp trước số lượng sai lầm cần được sửa chữa.

Ít có điều gì khiến người hòa giải khó chịu hơn việc giả vờ trở thành người mà họ không phải là người như vậy. Với sự nhạy cảm và cam kết về tính xác thực, những người có kiểu tính cách này có xu hướng tìm kiếm cơ hội để thể hiện sáng tạo. Do đó, không có gì ngạc nhiên khi nhiều nhà hòa giải nổi tiếng là nhà thơ, nhà văn, diễn viên và nghệ sĩ. Họ không thể không suy ngẫm về ý nghĩa và mục đích của cuộc sống, tưởng tượng ra tất cả các loại câu chuyện, ý tưởng và khả năng trên đường đi.

Thông qua những cảnh quan giàu trí tưởng tượng này, người hòa giải có thể khám phá bản chất bên trong của chính họ cũng như vị trí của họ trong thế giới. Mặc dù đây là một đặc điểm đẹp, nhưng những tính cách này đôi khi có xu hướng mơ mộng và viển vông hơn là hành động. Để tránh cảm thấy thất vọng, không hài lòng hoặc không có khả năng, người hòa giải cần đảm bảo họ hành động để biến ước mơ và ý tưởng của họ thành hiện thực.

Những người có kiểu tính cách này có xu hướng cảm thấy vô định hướng hoặc bị cản trở cho đến khi họ kết nối với cuộc sống của họ có ý nghĩa. Đối với nhiều người hòa giải, mục tiêu này có liên quan đến việc nâng cao tinh thần cho người khác và khả năng họ trải qua nỗi đau khổ của người khác như thể đó là của chính họ. Trong khi hòa giải viên muốn giúp đỡ tất cả mọi người, họ cần phải tập trung sức lực và nỗ lực của mình - nếu không, họ có thể cạn kiệt.

May mắn thay, giống như những bông hoa trong mùa xuân, sự sáng tạo và lý tưởng của những người hòa giải có thể nở rộ ngay cả sau những mùa đen tối nhất. Mặc dù họ biết thế giới sẽ không bao giờ hoàn hảo, nhưng những người hòa giải luôn quan tâm đến việc làm cho nó trở nên tốt nhất có thể. Niềm tin thầm lặng vào việc làm điều đúng đắn này có thể giải thích tại sao những tính cách này thường truyền cảm hứng cho lòng trắc ẩn, lòng tốt và vẻ đẹp ở bất cứ nơi đâu họ đến.

ENFJ: Nhà Tư Tưởng

Nhà Tư Tưởng (ENFJ) là một người có các đặc điểm tính cách Hướng ngoại, Trực giác, Cảm nhận và Phán đoán. Những người ấm áp, thẳng thắn thích giúp đỡ người khác và có xu hướng có những ý tưởng và giá trị mạnh mẽ. Họ ủng hộ quan điểm của mình với năng lượng sáng tạo cần thiết để đạt được mục tiêu.

Mọi thứ bạn làm lúc này đang gây tiếng vang ra bên ngoài và ảnh hưởng đến mọi người. Tư thế của bạn có thể khiến trái tim bạn bừng sáng hoặc truyền đi sự lo lắng. Hơi thở của bạn có thể tỏa ra tình yêu thương hoặc gây rắc rối cho căn phòng trầm cảm. Cái nhìn của bạn có thể đánh thức niềm vui. Lời nói của bạn có thể truyền cảm hứng cho sự tự do. Mỗi hành động của bạn có thể mở rộng trái tim và tâm trí.

Nhà Tư Tưởng là những nhà lãnh đạo bẩm sinh, đầy đam mê và lôi cuốn. Chiếm khoảng hai phần trăm dân số, họ thường là các chính trị gia, huấn luyện viên và giáo viên của chúng tôi, tiếp cận và truyền cảm hứng cho những người khác để thành công và làm điều tốt trên thế giới. Với sự tự tin tự nhiên tạo nên ảnh hưởng, các Nhà Tư Tưởng rất tự hào và vui vẻ khi hướng dẫn những người khác làm việc cùng nhau để cải thiện và cải thiện cộng đồng của họ.

Mọi người bị thu hút bởi những cá tính mạnh mẽ và các Nhà Tư Tưởng thể hiện sự chân thực, quan tâm và vị tha, không ngại đứng lên và lên tiếng khi họ cảm thấy cần phải nói điều gì đó. Họ cảm thấy giao tiếp với người khác một cách tự nhiên và dễ dàng, đặc biệt là gặp trực tiếp, và đặc điểm Trực quan (N) của họ giúp những người có kiểu tính cách Nhà Tư Tưởng tiếp cận mọi tâm trí, cho dù thông qua sự kiện và logic hay cảm xúc thô. Các Nhà Tư Tưởng nhìn thấy động cơ và sự kiện của mọi người dễ dàng bị ngắt kết nối, và có thể tập hợp những ý tưởng này lại với nhau và truyền đạt chúng như một mục tiêu chung bằng tài hùng biện đơn giản là hấp dẫn.

Sự quan tâm mà các Nhà Tư Tưởng dành cho người khác là thật lòng, gần như là sai lầm - khi họ tin tưởng vào ai đó, họ có thể tham gia quá nhiều vào vấn đề của người kia, tin tưởng anh ta quá nhiều. May mắn thay, sự tự tin này có lợi cho việc trở thành một lời tiên tri tự hoàn thành, giống như lòng vị tha của các Nhà Tư Tưởng và truyền cảm hứng cho những người họ yêu thương trở thành chính mình. Nhưng nếu không cẩn thận, họ có thể quá lạc quan, đôi khi đẩy người khác đi xa hơn mức họ sẵn sàng hoặc sẵn sàng đi.

Nhà Tư Tưởng cũng dễ mắc phải một cái bẫy khác: họ có khả năng phản ánh và phân tích cảm xúc của bản thân rất lớn, nhưng nếu quá bị cuốn vào hoàn cảnh của người khác, họ có thể phát triển một loại bệnh giả cảm xúc, nhìn thấy vấn đề của người khác trong chúng tôi. , cố gắng sửa chữa điều gì đó không sai ở bản thân.

Nếu họ đến một thời điểm mà họ bị kìm hãm bởi những giới hạn mà người khác đang trải qua, điều đó có thể cản trở khả năng của Nhà Tư Tưởng trong việc nhìn ra tình thế tiến thoái lưỡng nan và có thể giúp đỡ được gì. Khi điều này xảy ra, điều quan trọng là các Nhà Tư Tưởng phải lùi lại và sử dụng sự tự phản ánh này để phân biệt đâu là cảm giác thực sự của họ và đâu là vấn đề riêng biệt cần được nhìn nhận từ một góc độ khác.

Các Nhà Tư Tưởng là những người nói chuyện và đi lại chân thật, chu đáo, và không gì khiến họ hạnh phúc hơn là lãnh đạo đội, đoàn kết và thúc đẩy nhóm của họ bằng sự nhiệt tình truyền lửa.

Những người có kiểu tính cách Nhà Tư Tưởng là những người nhiệt thành, đôi khi là những người vị tha quá mức và không ngại thực hiện những mũi tên và súng cao su trong khi đứng lên vì những người và ý tưởng mà họ tin tưởng. Không có gì lạ khi nhiều Nhà Tư Tưởng nổi tiếng là biểu tượng văn hóa hoặc chính trị - kiểu tính cách này muốn mở đường cho một tương lai tốt đẹp hơn, cho dù đó là dẫn dắt một quốc gia đến sự thịnh vượng hay dẫn dắt đội bóng mềm nhỏ của họ đến một chiến thắng gian khổ.

ENFP: Nhà Hoạt Động

Nhà hoạt động (ENFP) là một người có các đặc điểm tính cách Hướng ngoại, Trực giác, Cảm nhận và Triển vọng. Những người này có xu hướng đưa ra những ý tưởng và hành động lớn phản ánh cảm giác hy vọng và thiện chí của họ đối với người khác. Năng lượng sôi động của chúng có thể chảy theo nhiều hướng.

Tính cách của người vận động là một tinh thần tự do thực sự. Họ thường là cuộc sống của bữa tiệc, nhưng không giống như các kiểu trong Nhóm Vai trò Người khám phá, các nhà hoạt động ít quan tâm đến sự phấn khích và vui vẻ tuyệt đối của thời điểm này hơn là các kết nối xã hội và tình cảm mà họ tạo ra với những người khác. Duyên dáng, độc lập, năng động và giàu lòng trắc ẩn, 7% dân số mà họ chắc chắn có thể cảm nhận được ở bất kỳ đám đông nào.

Hơn cả những thú vui hòa đồng đơn giản, các nhà hoạt động, giống như tất cả những người anh em họ ngoại giao của họ, được định hình bởi phẩm chất trực quan (N), cho phép họ đọc giữa các dòng với sự tò mò và tràn đầy năng lượng. Họ có xu hướng coi cuộc sống như một câu đố lớn, phức tạp, nơi mọi thứ đều được kết nối - nhưng không giống như kiểu tính cách của Nhà phân tích, những người có xu hướng coi câu đố này như một chuỗi các máy móc có hệ thống, các nhà hoạt động nhìn nó qua lăng kính của cảm xúc, lòng trắc ẩn và sự thần bí, và luôn tìm kiếm một ý nghĩa sâu sắc hơn.

Các nhà hoạt động rất độc lập, và hơn cả sự ổn định và an ninh, họ khát khao sáng tạo và tự do.

Nhiều kiểu người khác có khả năng nhận thấy những phẩm chất này không thể cưỡng lại được, và nếu họ tìm thấy nguyên nhân kích thích trí tưởng tượng của họ, các nhà hoạt động sẽ mang lại một nguồn năng lượng thường đưa họ vào ánh đèn sân khấu, được các đồng nghiệp của họ như một nhà lãnh đạo và chuyên gia ủng hộ - nhưng không phải vậy. luôn là nơi mà các nhà hoạt động yêu độc lập muốn đến. Tệ hơn nữa nếu họ làm tốt hơn các công việc hành chính và bảo trì định kỳ có thể đi kèm với một vị trí quản lý. Lòng tự trọng của các nhà hoạt động phụ thuộc vào khả năng đưa ra các giải pháp ban đầu và họ cần biết rằng họ có quyền tự do đổi mới - họ có thể nhanh chóng mất kiên nhẫn hoặc chán nản nếu thấy mình bị mắc kẹt trong một vai trò nhàm chán.

May mắn thay, các nhà hoạt động biết cách thư giãn và hoàn toàn có khả năng chuyển từ một người theo chủ nghĩa lý tưởng đầy nhiệt huyết và năng động trong công việc sang một tinh thần tự do giàu trí tưởng tượng và nhiệt tình trên sàn nhảy, thường là một sự đột ngột có thể gây ngạc nhiên ngay cả những người bạn thân nhất của họ. Hòa mình vào cuộc sống cũng mang lại cho họ cơ hội kết nối tình cảm với những người khác, mang lại cho họ cái nhìn sâu sắc có giá trị về điều gì thúc đẩy bạn bè và đồng nghiệp của họ. Họ tin rằng mọi người nên dành thời gian để thừa nhận và bày tỏ cảm xúc của họ, và sự đồng cảm và hòa đồng của họ khiến họ trở thành một cuộc trò chuyện tự nhiên.

Tuy nhiên, kiểu tính cách của nhà hoạt động nên cẩn thận: nếu anh ta phụ thuộc quá nhiều vào trực giác của mình, giả định hoặc dự đoán quá nhiều động cơ của bạn bè, anh ta có thể hiểu sai các tín hiệu và cản trở các kế hoạch mà cách tiếp cận trực tiếp hơn sẽ đơn giản. Loại căng thẳng xã hội này chính là con bù nhìn khiến các nhà ngoại giao có khuynh hướng hòa hợp thức trắng vào ban đêm. Những người hoạt ngôn rất dễ xúc động và nhạy cảm, và khi họ bước vào chân ai đó, cả hai đều cảm nhận được điều đó.

Các nhà hoạt động sẽ dành nhiều thời gian để khám phá các mối quan hệ xã hội, cảm xúc và ý tưởng trước khi họ tìm thấy điều gì đó thực sự đúng. Nhưng khi cuối cùng họ đã tìm thấy vị trí của mình trên thế giới, trí tưởng tượng, sự đồng cảm và lòng dũng cảm của họ có thể sẽ tạo ra những kết quả đáng kinh ngạc.

ISTJ: Nhà Hậu Cần

Nhà Hậu Cần (ISTJ) là người có đặc điểm tính cách hướng nội, quan sát, suy nghĩ và phán đoán. Những người này có xu hướng dè dặt nhưng có ý chí, có cái nhìn lý trí về cuộc sống. Họ sắp xếp các hành động của mình một cách cẩn thận và thực hiện chúng với một mục tiêu có phương pháp.

Kiểu nhân cách Hậu cần được coi là phong phú nhất, chiếm khoảng 13% dân số. Những đặc điểm xác định của họ về tính chính trực, logic thực tế và sự cống hiến không mệt mỏi cho nhiệm vụ khiến hậu cần trở thành cốt lõi quan trọng đối với nhiều gia đình, cũng như đối với các tổ chức đề cao truyền thống, quy tắc và tiêu chuẩn, chẳng hạn như công ty luật, cơ quan quản lý và quân đội. Những người có kiểu tính cách Hậu cần thích chịu trách nhiệm về hành động của họ và tự hào về công việc họ làm - khi làm việc hướng tới một mục tiêu, những người làm hậu cần không kìm hãm thời gian hoặc sức lực của mình để hoàn thành từng nhiệm vụ liên quan một cách chính xác và kiên nhẫn.

Các nhà hậu cần không đưa ra nhiều giả định, thích phân tích môi trường của họ, xác minh các sự kiện của họ và đưa ra các quy trình hành động thực tế. Tính cách hậu cần thực dụng và khi họ đã đưa ra quyết định, họ sẽ chuyển tiếp những sự kiện cần thiết để đạt được mục tiêu của mình, mong đợi những người khác nắm bắt tình hình ngay lập tức và hành động. Các nhà logic học ít khoan dung cho sự do dự, nhưng thậm chí còn mất kiên nhẫn nhanh hơn nếu khóa học đã chọn của họ bị thách thức bởi các lý thuyết không thực tế, đặc biệt nếu họ bỏ qua các chi tiết chính - nếu các thách thức trở thành cuộc tranh luận tốn thời gian, các nhà hậu cần có thể trở nên tức giận rõ ràng khi thời hạn đến gần.

Khi các nhà hậu cần nói rằng họ sẽ làm điều gì đó, họ sẽ làm điều đó, hoàn thành nghĩa vụ của mình bất kể chi phí cá nhân, và họ rất hoang mang trước những người không giữ lời với sự tôn trọng tương tự. Kết hợp sự lười biếng và thiếu trung thực là cách nhanh nhất để nhận ra mặt xấu của những người làm công tác hậu cần. Vì vậy, những người có kiểu tính cách Hậu cần thường thích làm việc một mình, hoặc ít nhất là quyền hạn của họ được thiết lập rõ ràng theo hệ thống cấp bậc, nơi họ có thể đặt ra và đạt được mục tiêu của mình mà không cần tranh luận hoặc lo lắng về độ tin cậy của người khác.

Những người theo thuyết lôgic có đầu óc nhạy bén, thực tế và thích sự tự chủ, tự túc để tin tưởng vào ai đó hoặc điều gì đó. Sự phụ thuộc

vào người khác thường được các nhà hậu cần
coi là một điểm yếu, và niềm đam mê của họ
đối với nghĩa vụ, độ tin cậy và sự chính trực
hoàn hảo của cá nhân đã ngăn chặn việc rơi vào
một cái bẫy như vậy.

Ý thức về tính chính trực cá nhân này là trọng
tâm của các nhà hậu cần và vượt ra ngoài tâm
trí của họ - tính cách của nhà hậu cần tuân thủ
việc đặt ra các quy tắc và hướng dẫn bất kể giá
cả phải trả, chỉ ra những sai lầm của bản thân
và nói sự thật ngay cả khi hậu quả có thể rất
thảm khốc. Đối với các nhà hậu cần, sự trung
thực quan trọng hơn nhiều so với việc cân nhắc
tình cảm, và cách tiếp cận thẳng thắn của họ
khiến người khác có ấn tượng sai lầm rằng các
nhà hậu cần lạnh lùng, thậm chí là người máy.
Những người có kiểu người này có thể khó thể
hiện cảm xúc hoặc tình cảm của họ ra bên
ngoài, nhưng đề nghị rằng họ không cảm thấy

gì, hoặc tệ hơn, không có cá tính nào cả, sẽ gây tổn thương sâu sắc.

Sự cống hiến của những người làm công tác hậu cần là một phẩm chất tuyệt vời, cho phép họ hoàn thành nhiều việc, nhưng đó cũng là một điểm yếu cơ bản có lợi cho những cá nhân ít cẩn thận hơn. Các nhà hậu cần tìm kiếm sự ổn định và an toàn, coi đó là nhiệm vụ của họ để giữ cho mọi thứ hoạt động trơn tru, và họ có thể thấy rằng đồng nghiệp và những người thân yêu của họ giao trách nhiệm của họ cho họ, biết rằng họ sẽ luôn tiếp quản. Các nhà logic học có xu hướng giữ ý kiến của họ cho riêng mình và để cho sự thật lên tiếng, nhưng có thể mất nhiều thời gian để các bằng chứng quan sát được kể lại toàn bộ câu chuyện.

Các nhà hậu cần phải nhớ chăm sóc bản thân - sự cống hiến cứng đầu của họ đối với sự ổn định và hiệu quả có thể làm suy yếu những mục tiêu dài hạn này khi những người khác ngày càng dựa vào họ, tạo ra căng thẳng cảm xúc có thể không thành lời trong nhiều năm, chỉ xuất hiện sau khi đã quá muộn để hàn gắn . Nếu họ có thể tìm thấy những đồng nghiệp và vợ / chồng thực sự đánh giá cao và bổ sung phẩm chất của họ, những người biết họ là một phần của hệ thống hoạt động, các nhà hậu cần sẽ thấy vai trò ổn định của họ vô cùng hài lòng khi biết rằng họ là một phần của hệ thống hoạt động.

ISFJ: Người Hộ Vệ

Người Hộ Vệ (ISFJ) là một người có các đặc điểm tính cách Hướng nội, Quan sát, Tình cảm và Đánh giá. Những người này có xu hướng ấm áp và khiêm tốn theo cách riêng của họ. Họ làm việc hiệu quả và có trách nhiệm, rất chú ý đến những chi tiết thiết thực trong cuộc sống hàng ngày của họ.

Kiểu tính cách của người hộ vệ khá độc đáo, vì nhiều phẩm chất của họ thách thức định nghĩa về các đặc điểm cá nhân của họ. Mặc dù nhạy cảm, các hộ vệ có kỹ năng phân tích tuyệt vời; mặc dù dè dặt, họ có kỹ năng giao tiếp giữa các cá nhân được phát triển tốt và các mối quan hệ xã hội bền chặt; và mặc dù nhìn chung họ thuộc loại bảo thủ, những người ủng hộ thường dễ tiếp thu những ý tưởng thay đổi và mới. Cũng như nhiều thứ khác, những người có kiểu tính cách hộ vệ không chỉ là tổng thể các bộ phận của họ, và chính cách họ sử dụng những lực lượng này sẽ xác định họ là ai.

Những người hộ vệ là những người vị tha thực sự, đáp ứng lòng tốt với lòng tốt thái quá và tham gia vào công việc và những người mà họ tin tưởng với sự nhiệt tình và hào phóng.

Khó có loại hình nào tốt hơn để đại diện cho một tỷ lệ dân số lớn như vậy, gần 13%. Kết hợp những gì tốt đẹp nhất của truyền thống và mong muốn làm điều tốt, những người ủng hộ tìm thấy mình trong các lĩnh vực công việc có ý thức về lịch sử đằng sau họ, chẳng hạn như y học, học thuật và công tác xã hội từ thiện.

Tính cách của người hộ vệ thường tỉ mỉ đến mức cầu toàn, và mặc dù họ hay trì hoãn nhưng họ luôn có thể được tin tưởng để hoàn thành công việc đúng thời hạn. Những người ủng hộ nhận trách nhiệm cá nhân, không ngừng vượt lên chính mình, làm mọi thứ có thể để vượt quá mong đợi và làm hài lòng người khác, tại nơi làm việc và ở nhà.

Thách thức đối với các hộ vệ là chứng minh rằng những gì họ đang làm được chú ý. Họ có xu hướng hạ thấp thành tích của mình, và trong khi lòng tốt của họ thường được biết đến, những người hay giễu cợt và ích kỷ hơn có khả năng lợi dụng sự cống hiến và khiêm tốn của Người hộ vệ bằng cách ép buộc họ và sau đó nhận công lao. Các hộ vệ cần biết cách từ chối và tự vệ nếu muốn duy trì sự tự tin và nhiệt huyết.

Tự nhiên xã hội, một phẩm chất kỳ lạ đối với những người hướng nội, những người hộ vệ hãy nhớ sử dụng những ký ức tuyệt vời không phải để lưu trữ dữ liệu và giai thoại, mà cho con người và chi tiết về cuộc sống của họ. Khi nói đến quà tặng, Người hộ vệ không ai sánh kịp, họ sử dụng trí tưởng tượng và sự nhạy cảm tự nhiên để thể hiện sự hào phóng của mình theo cách chạm đến trái tim của người nhận. Mặc dù điều này chắc chắn đúng với các đồng nghiệp của họ, những người mà những người thuộc tuýp Hộ vệ thường coi như bạn bè cá nhân của họ, thì chính trong gia đình, cách thể hiện tình cảm của họ lại nảy nở.

Tính cách của những hộ vệ là một nhóm tuyệt vời, hiếm khi không hoạt động trong khi một mục đích tốt vẫn còn dang dở. Khả năng kết nối với những người khác ở mức độ thân mật của những người hộ vệ là không thể so sánh được ở những người hướng nội, và niềm vui mà họ trải nghiệm khi sử dụng những kết nối này để duy trì một gia đình hạnh phúc và luôn ủng hộ là một món quà dành cho tất cả những người có liên quan. Họ có thể không bao giờ thực sự thoải mái trước ánh đèn sân khấu và cảm thấy tội lỗi khi ghi công cho những nỗ lực của cả đội, nhưng nếu họ có thể đảm bảo rằng nỗ lực của họ được công nhận, các hộ vệ có thể sẽ cảm thấy mức độ hài lòng về những gì họ làm mà nhiều kiểu tính cách khác chỉ có thể làm được. mơ về.

ESTJ: Nhà Điều Hành

Nhà Điều Hành (ESTJ) là một người có đặc điểm tính cách là hướng ngoại, quan sát, suy nghĩ và phán đoán. Họ có sức mạnh tâm hồn tuyệt vời, dứt khoát tuân theo phán đoán âm thanh của chính họ. Họ thường đóng vai trò là lực lượng ổn định cho người khác, có thể đưa ra phương hướng vững chắc giữa nghịch cảnh.

Những Nhà Điều Hành là đại diện của truyền thống và trật tự, sử dụng sự hiểu biết của họ về điều gì là đúng, sai và được xã hội chấp nhận để gắn kết gia đình và cộng đồng lại với nhau. Đề cao các giá trị của sự trung thực, cống hiến và phẩm giá, những người thuộc tuýp Nhà Điều Hành được đánh giá cao vì sự hướng dẫn và định hướng rõ ràng, và họ sẵn sàng dẫn đường cho những con đường khó khăn. Tự hào gắn kết mọi người lại với nhau, những Nhà Điều Hành thường đảm nhận vai trò của những người tổ chức cộng đồng, làm việc chăm chỉ để đưa mọi người đến với nhau để kỷ niệm các sự kiện địa phương được trân trọng hoặc đề cao các giá trị truyền thống gắn kết gia đình và cộng đồng.

Nhu cầu về sự lãnh đạo như vậy là cao trong các xã hội dân chủ, và chiếm tới 11% dân số, không có gì lạ khi nhiều tổng thống Hoa Kỳ đã từng là Nhà Điều Hành. Từ những người tin tưởng mạnh mẽ vào pháp quyền và quyền lực cần phải có, nhân cách điều hành nêu gương, thể hiện sự tận tâm và tính trung thực kiên quyết, đồng thời hoàn toàn từ chối sự lười biếng và gian dối, đặc biệt là trong công việc. Nếu ai đó nói rằng lao động chân tay nặng nhọc là một cách tuyệt vời để xây dựng tính cách thì đó là những Nhà Điều Hành.

Nhà Điều Hành nhận thức được môi trường

xung quanh của họ và sống trong một thế giới của sự thật rõ ràng, có thể kiểm chứng được - sự chắc chắn về kiến thức của họ có nghĩa là ngay cả khi chống lại sự phản kháng mạnh mẽ, họ vẫn tuân thủ các nguyên tắc của mình và thúc đẩy một tầm nhìn rõ ràng về điều gì được và điều gì không. có thể chấp nhận được. Ý kiến của họ cũng không chỉ là những lời bàn tán suông, vì các nhà lãnh đạo luôn sẵn sàng đi sâu vào các dự án khó khăn nhất, cải thiện kế hoạch hành động và sắp xếp các chi tiết trong quá trình thực hiện, biến nó thành những nhiệm vụ phức tạp nhất trở nên dễ dàng và dễ tiếp cận.

Tuy nhiên, Nhà Điều Hành không làm việc một mình và mong đợi độ tin cậy và đạo đức làm việc của họ được đáp lại - những người có kiểu tính cách này luôn giữ lời hứa và nếu đối tác hoặc cấp dưới gây nguy hiểm cho họ do thiếu năng lực hoặc do lười biếng, hoặc tệ hơn là thiếu trung thực, họ sẽ làm như vậy. không ngần ngại thể hiện sự tức giận của họ. Điều này có thể mang lại cho họ danh tiếng về sự thiếu linh hoạt, một đặc điểm được chia sẻ bởi tất cả các tính cách của Sentinel, nhưng đó không phải là vì Nhà Điều Hành tùy tiện cứng đầu, mà bởi vì họ thực sự tin rằng những giá trị này là điều khiến công ty hoạt động.

Nhà Điều Hành là hình ảnh kinh điển của công dân kiểu mẫu: họ giúp đỡ những người hàng xóm của mình, thực thi luật pháp và cố gắng kêu gọi mọi người tham gia vào các cộng đồng và tổ chức mà họ yêu quý.

Thách thức chính đối với Nhà Điều Hành là nhận ra rằng không phải tất cả mọi người đều đi theo con đường giống nhau hoặc đóng góp theo cách giống nhau. Một nhà lãnh đạo thực sự nhận ra sức mạnh của cá nhân cũng như của nhóm và giúp đưa ý tưởng của những cá nhân đó lên bàn thảo. Bằng cách đó, Nhà Điều Hành thực sự có tất cả các dữ kiện và có thể dẫn dắt phụ trách theo các hướng phù hợp với tất cả mọi người.

ESFJ: Nhà Nhà Lãnh Sự

Nhà Nhà Lãnh Sự (ESFJ) là một người có các đặc điểm tính cách Hướng ngoại, Quan sát, Tình cảm và Thẩm phán. Họ chú ý và hướng về mọi người, và họ thích tham gia vào cộng đồng xã hội của họ. Thành tích của họ được hướng dẫn bằng cách xác định các giá trị và họ sẵn lòng đưa ra lời khuyên cho người khác.

Những người có chung kiểu tính cách Nhà Lãnh Sự, không có từ nào tốt hơn, là phổ biến - điều này có lý, vì nó cũng là một kiểu tính cách rất phổ biến, chiếm mười hai phần trăm dân số. Ở trường trung học, các chấp chính viên là những người cổ vũ và tiền vệ, tạo nên giai điệu, ánh đèn sân khấu và dẫn dắt đội của họ đến với chiến thắng và vinh quang. Sau này khi lớn lên, các Nhà Lãnh Sự tiếp tục thích hỗ trợ bạn bè và những người thân yêu của họ, tổ chức các cuộc gặp gỡ xã hội và cố gắng hết sức để đảm bảo mọi người đều hạnh phúc.

Thảo luận về các lý thuyết khoa học hoặc tranh luận về chính sách của Châu Âu không nên thu hút sự quan tâm của các Nhà Lãnh Sự quá lâu. Nhà Lãnh Sự quan tâm nhiều hơn đến thời trang và ngoại hình của họ, địa vị xã hội của họ và danh tiếng của người khác. Những vấn đề thực tế và những câu chuyện phiếm là bánh mì hàng ngày của họ, nhưng các quan chấp chính cố gắng hết sức để sử dụng quyền hạn của họ cho mục đích tốt.

Những người chấp nhận có lòng vị tha và chịu

trách nhiệm giúp đỡ và làm những gì đúng một cách nghiêm túc. Không giống như các Nhà ngoại giao thân cận của họ, những người thuộc kiểu Nhà Lãnh Sự sẽ dựa trên la bàn đạo đức của họ dựa trên các truyền thống và luật lệ đã được thiết lập, đề cao quyền hạn và các quy tắc, thay vì lấy đạo đức của họ từ triết học hoặc thần bí. Tuy nhiên, điều quan trọng là các nhà lãnh đạo cần nhớ rằng mọi người đến từ nhiều nguồn gốc và quan điểm khác nhau, và những gì có vẻ đúng với họ không phải lúc nào cũng là sự thật tuyệt đối.

Nhà Lãnh Sự thích được phục vụ, đánh giá cao bất kỳ vai trò nào cho phép họ tham gia một cách có ý nghĩa, miễn là họ biết mình được coi trọng và đánh giá cao. Điều này đặc biệt rõ ràng ở nhà, và các Nhà Lãnh Sự là những người cộng sự và cha mẹ trung thành và tận tâm. Tính cách của người Nhà Lãnh Sự tôn trọng thứ bậc và cố gắng hết sức để tạo cho mình một số quyền hạn, cả ở nhà và nơi làm việc, điều này cho phép họ giữ mọi thứ rõ ràng, ổn định và có tổ chức cho mọi người.

Luôn ủng hộ và hướng ngoại, các Nhà Lãnh Sự có thể được phát hiện tại một bữa tiệc - họ là những người tìm thấy thời gian để trò chuyện và cười với mọi người! Nhưng sự tận tâm của họ vượt ra ngoài làn gió đơn giản bởi vì họ phải làm thế. Những người chấp nhận thực sự thích nghe về các mối quan hệ và hoạt động của bạn bè, ghi nhớ những chi tiết nhỏ và luôn sẵn sàng nói về mọi thứ với sự ấm áp và nhạy cảm. Nếu mọi thứ không suôn sẻ, hoặc nếu có căng thẳng trong phòng, các Chấp sự hãy giải quyết và cố gắng khôi phục sự hòa hợp và ổn định trong nhóm.

Là người khá không thích xung đột, các Nhà

Lãnh Sự dành rất nhiều sức lực của mình để thiết lập trật tự xã hội và thích các kế hoạch và sự kiện có tổ chức hơn là các hoạt động mở hoặc các cuộc họp tự phát. Những người có kiểu tính cách này đặt rất nhiều nỗ lực vào các hoạt động mà họ tổ chức, và rất dễ làm tổn thương cảm xúc của những người chấp chính nếu ý tưởng của họ bị từ chối hoặc nếu mọi người không hứng thú. Một lần nữa, điều quan trọng là các Nhà Lãnh Sự hãy nhớ rằng mọi người đến từ một nơi khác nhau và sự không quan tâm này không phải là nhận xét về họ hoặc về hoạt động mà họ đã tổ chức - đó không phải là điều của họ.

Chấp nhận sự nhạy cảm của họ là thách thức lớn nhất của các Nhà Lãnh Sự - mọi người sẽ không đồng ý và họ sẽ chỉ trích, và ngay cả khi điều đó gây tổn thương, đó cũng chỉ là một phần của cuộc sống. Điều tốt nhất mà các Nhà

Lãnh Sự nên làm là làm những gì họ làm tốt nhất: là một hình mẫu, quan tâm đến những gì họ có quyền lực để chăm sóc và đánh giá cao rằng rất nhiều người đánh giá cao những nỗ lực mà họ bỏ ra.

ISTP: Nhà Chuyên Gia

Nhà Chuyên Gia (ISTP) là một người có các đặc điểm tính cách của người hướng nội, người quan sát, người hay suy nghĩ và người phát đạt. Họ có xu hướng tư duy theo chủ nghĩa cá nhân, theo đuổi mục tiêu mà không cần nhiều sự kết nối bên ngoài. Họ bước vào đời với sự tò mò và kỹ năng cá nhân, thay đổi cách tiếp cận khi cần thiết.

Nhà Chuyên Gia thích khám phá bằng tay và mắt, chạm vào và xem xét thế giới xung quanh với chủ nghĩa duy lý lạnh lùng và sự tò mò bốc lửa. Những người có kiểu tính cách này là những người sáng tạo tự nhiên, đi từ dự án này sang dự án khác, xây dựng những thứ hữu ích và không cần thiết để giải trí, và tìm hiểu về môi trường của họ khi họ đi. Thường là thợ cơ khí và kỹ sư, Nhà Chuyên Gia không tìm thấy niềm vui nào hơn việc làm bẩn tay khi tháo rời mọi thứ và sắp xếp mọi thứ lại với nhau, chỉ tốt hơn một chút so với trước đây.

Nhà Chuyên Gia khám phá các ý tưởng thông qua việc tạo, khắc phục sự cố, thử và sai và trải nghiệm trực tiếp. Họ thích những người khác quan tâm đến dự án của họ và đôi khi họ thậm chí không ngại bước vào không gian của họ. Tất nhiên, điều này có điều kiện là những người này không can thiệp vào các nguyên tắc và tự do của Nhà Chuyên Gia, và họ sẽ phải cởi mở với Nhà Chuyên Gia bằng cách trả lại sự quan tâm bằng hiện vật.

Nhà Chuyên Gia thích giúp một tay và chia sẻ kinh nghiệm của họ, đặc biệt là với những người họ quan tâm, và thật tiếc là họ rất hiếm, chỉ chiếm khoảng năm phần trăm dân số. Nữ kỹ thuật viên đặc biệt hiếm và vai trò giới điển hình mà xã hội mong đợi có thể không phù hợp - họ thường bị coi là tomboy từ khi còn nhỏ.

Trong khi xu hướng máy móc của chúng thoạt nhìn có vẻ đơn giản, Nhà Chuyên Gia thực sự khá bí ẩn. Thân thiện nhưng rất riêng tư, điềm tĩnh nhưng đột nhiên bộc phát, cực kỳ tò mò nhưng không thể tập trung vào việc học chính thức, nhân cách điêu luyện có thể là một thách thức đáng mong đợi, ngay cả với bạn bè và người thân của họ. Nhà Chuyên Gia có vẻ rất trung thành và ổn định trong một thời gian, nhưng họ có xu hướng xây dựng một nguồn dự trữ năng lượng bốc đồng bùng nổ mà không cần báo trước, đưa lợi ích của họ theo những hướng đi mới táo bạo.

Thay vì một số loại nhiệm vụ tầm nhìn, Nhà Chuyên Gia chỉ đơn giản là khám phá khả năng tồn tại của một mối quan tâm mới khi họ thực hiện những thay đổi địa chấn này.

Các quyết định của Nhà Chuyên Gia bắt nguồn từ cảm giác thực tế thực tế, và bên trong họ là ý thức mạnh mẽ về sự công bằng thẳng thắn, thái độ "làm cho người khác", điều này thực sự giúp giải thích nhiều đặc điểm khó hiểu của Nhà Chuyên Gia. Tuy nhiên, thay vì cẩn thận quá mức, hãy tránh kiễng chân lên để tránh bị giẫm phải, rất có thể Nhà Chuyên Gia đã đi quá xa, do đó chấp nhận trả đũa, dù tốt hay xấu, chẳng hạn như fair-play.

Vấn đề lớn nhất mà các Nhà Chuyên Gia có khả năng phải đối mặt là họ thường hành động quá sớm, coi thường bản tính dễ dãi của mình và cho rằng những người khác cũng vậy. Họ sẽ là người đầu tiên kể một trò đùa thiếu tế nhị, tham gia quá nhiều vào dự án của người khác, lộn xộn và đánh bạc, hoặc đột ngột thay đổi kế hoạch của mình vì có điều gì đó thú vị hơn xuất hiện.

Nhà Chuyên Gia sẽ học được rằng nhiều kiểu tính cách khác có những quy tắc thiết lập chắc chắn hơn nhiều so với họ về các quy tắc và hành vi được chấp nhận - họ không muốn nghe một trò đùa nhẫn tâm, và chắc chắn không muốn đáp lại nó, và họ sẽ không muốn thưởng thức. to heckling, ngay cả với một bên đồng ý. Nếu một tình huống đã mang nặng tính cảm xúc, việc phá vỡ những ranh giới đó có thể phản tác dụng đối với bạn.

Nhà Chuyên Gia có một khó khăn đặc biệt trong việc dự đoán cảm xúc, nhưng đây chỉ là một phần mở rộng tự nhiên của sự công bằng của họ, vì rất khó để đánh giá cảm xúc và động lực của Nhà Chuyên Gia. Tuy nhiên, xu hướng khám phá các mối quan hệ của họ thông qua hành động hơn là sự đồng cảm có thể dẫn đến những tình huống rất khó chịu. Những người có kiểu tính cách Virtuoso đấu tranh với ranh giới và hướng dẫn, thích tự do di chuyển và tô màu bên ngoài đường kẻ nếu họ cần.

Tìm kiếm một môi trường nơi họ có thể làm việc với những người bạn tốt, những người hiểu rõ phong cách và sự khó đoán của họ, kết hợp khả năng sáng tạo, khiếu hài hước và cách tiếp cận thực tế để tạo ra các giải pháp và đối tượng thực tế, sẽ mang lại cho Nhà Chuyên Gia nhiều năm kinh nghiệm hạnh phúc trong việc xây dựng những chiếc hộp hữu ích - và ngưỡng mộ họ. từ bên ngoài.

ISFP: Nhà Thám Hiểm

Một nhà thám hiểm (ISFP) là một người có các đặc điểm tính cách Hướng nội, Quan sát, Tình cảm và Tìm kiếm. Họ có xu hướng cởi mở, cung cấp cuộc sống, trải nghiệm mới và những người ấm áp. Khả năng nắm bắt thời điểm giúp họ khám phá ra những tiềm năng thú vị.

Những người thích mạo hiểm là những nghệ sĩ thực thụ, nhưng chắc chắn không phải theo nghĩa điển hình là họ vẽ những cái cây nhỏ hạnh phúc. Tuy nhiên, khá thường xuyên, họ hoàn toàn có khả năng làm được điều đó. Đúng hơn, đó là họ sử dụng thẩm mỹ, thiết kế và thậm chí cả những lựa chọn và hành động của họ để vượt qua ranh giới của các quy ước xã hội. Những nhà thám hiểm thích làm đảo lộn những kỳ vọng truyền thống bằng vẻ đẹp và trải nghiệm hành vi.

Những nhà thám hiểm sống trong một thế giới đầy màu sắc và gợi cảm, được truyền cảm hứng từ những kết nối với con người và ý tưởng. Những tính cách này rất vui khi được giải thích lại những mối liên hệ này, tái tạo lại bản thân và trải nghiệm cả bản thân và những quan điểm mới. Không có chàng trai nào khác khám phá và trải nghiệm theo cách này nhiều hơn. Điều này tạo ra cảm giác ngẫu hứng, khiến những người thích phiêu lưu không thể đoán trước được ngay cả đối với bạn bè thân thiết và người thân của họ.

Bất chấp tất cả những điều này, các Nhà thám hiểm chắc chắn là người hướng nội, khiến bạn bè của họ ngạc nhiên hơn khi họ bước ra khỏi ánh đèn sân khấu để ở một mình sạc lại pin. Chỉ vì họ ở một mình không có nghĩa là những người có kiểu tính cách Nhà thám hiểm sẽ không hoạt động - họ dành thời gian này để tìm kiếm linh hồn, đánh giá các nguyên tắc của họ. Thay vì tập trung vào quá khứ hay tương lai, các nhà thám hiểm nghĩ về con người của họ. Họ trở lại từ tu viện của họ, được biến đổi.

Những nhà thám hiểm sống để tìm cách thúc đẩy đam mê của họ. Những hành vi mạo hiểm hơn như cờ bạc và thể thao mạo hiểm thường phổ biến với kiểu tính cách này hơn những người khác. May mắn thay, sự hòa hợp của họ với thời điểm và môi trường của họ cho phép họ làm tốt hơn hầu hết mọi thứ. Những người thích phiêu lưu mạo hiểm cũng thích kết nối với những người khác và có một sức quyến rũ khó cưỡng lại.

Những người thích phiêu lưu luôn biết lời khen để làm mềm lòng một trái tim sắp dán nhãn rủi ro của họ là vô trách nhiệm hoặc liều lĩnh. Tuy nhiên, nếu một đánh giá được thông qua, nó có thể kết thúc tồi tệ. Một số nhà thám hiểm có thể xử lý các bình luận có từ ngữ tốt, đánh giá chúng như một khách hàng tiềm năng khác để giúp thúc đẩy niềm đam mê của họ theo hướng mới. Nhưng nếu những lời nhận xét mang tính phiến diện và ít trưởng thành hơn, thì những tính cách thích phiêu lưu có thể bị cuốn theo một cách ngoạn mục.

Những người thích phiêu lưu nhạy cảm với cảm xúc của người khác và đánh giá cao sự hài hòa. Đối mặt với những lời chỉ trích, những người thuộc túýp người này có thể khó thoát khỏi thời điểm hiện tại, đủ để không bị cuốn vào sức nóng của thời điểm này. Nhưng sống trong thời điểm hiện tại đi theo cả hai cách, và một khi cảm xúc dâng trào của một cuộc tranh cãi đã dịu xuống, các nhà thám hiểm thường có thể gọi quá khứ là quá khứ và tiếp tục như thể nó chưa từng xảy ra.

Thách thức lớn nhất mà các nhà thám hiểm phải đối mặt là lập kế hoạch cho tương lai. Tìm kiếm những lý tưởng mang tính xây dựng để làm cơ sở cho mục tiêu của họ và xây dựng những mục tiêu tạo ra những nguyên tắc tích cực là một nhiệm vụ không hề nhỏ. Các nhà thám hiểm không lập kế hoạch cho tương lai của họ về tài sản và hưu trí. Thay vào đó, họ lập kế hoạch cho các hành động và hành vi như những đóng góp cho cảm giác về bản sắc, xây dựng danh mục kinh nghiệm chứ không phải hành động.

Mặc dù những mục tiêu và nguyên tắc này là cao cả, nhưng các Nhà thám hiểm có thể hành động với lòng bác ái và vị tha đáng kinh ngạc - nhưng cũng có thể xảy ra trường hợp những người kiểu Nhà thám hiểm thiết lập bản sắc ích kỷ hơn, hành động với sự ích kỷ, thao túng và ích kỷ. Điều quan trọng là các nhà thám hiểm hãy nhớ tích cực trở thành người mà họ muốn trở thành. Việc phát triển và duy trì một thói quen mới có thể không đến một cách tự nhiên, nhưng dành thời gian mỗi ngày để hiểu động lực của họ cho phép các nhà thám hiểm sử dụng thế mạnh của họ để theo đuổi bất cứ điều gì họ yêu thích.

ESTP: Nhà Doanh Nhân

Doanh nhân (ESTP) là một người có các đặc điểm tính cách của người hướng ngoại, người quan sát, nhà tư tưởng và người phát đạt. Họ có xu hướng tràn đầy năng lượng và hành động, khéo léo điều hướng bất cứ điều gì ở phía trước của họ. Họ thích khám phá những cơ hội trong cuộc sống, cho dù đó là để giao lưu với người khác hay trong những mục đích cá nhân hơn.

Các doanh nhân luôn có tác động đến môi trường xung quanh họ ngay lập tức - cách tốt nhất để phát hiện họ trong một bữa tiệc là tìm kiếm luồng gió xoay quanh họ khi họ di chuyển từ nhóm này sang nhóm khác. Cười và giải trí với tính cách thẳng thắn, hài hước, tính cách của doanh nhân thích trở thành trung tâm của sự chú ý. Nếu một khán giả được mời lên sân khấu, các doanh nhân sẽ tình nguyện - hoặc một người bạn nhút nhát.

Lý thuyết, khái niệm trừu tượng và các cuộc thảo luận tốn nhiều công sức về các vấn đề toàn cầu và hàm ý của chúng không khiến các doanh nhân hứng thú lâu. Các doanh nhân giữ cho cuộc trò chuyện của họ có tinh thần phấn chấn, với liều lượng thông minh lành mạnh, nhưng họ thích nói về những gì - hoặc tốt hơn, chỉ cần ra ngoài và làm điều đó. Các doanh nhân hãy nhảy vọt trước khi họ quan sát, sửa chữa những sai lầm của họ khi họ đi, thay vì ngồi yên, chuẩn bị cho các tình huống bất ngờ và thoát khỏi các điều khoản.

Doanh nhân là kiểu nhân cách có nhiều khả năng nhất cho lối sống hành vi rủi ro. Họ sống trong khoảnh khắc và lao vào hành động - họ là con mắt của cơn bão. Những người có kiểu tính cách Doanh nhân thích sự kịch tính, đam mê và vui vẻ, không phải vì cảm giác hồi hộp mà vì nó rất kích thích trí óc logic của họ. Họ buộc phải đưa ra các quyết định quan trọng dựa trên thực tế và thực tế tức thì trong một quá trình phản ứng kích thích hợp lý nhanh chóng.

Điều này làm cho trường học và các môi trường có tổ chức cao khác trở thành một thách thức đối với các doanh nhân. Chắc chắn không phải vì họ không thông minh và có thể làm tốt, mà là cách tiếp cận có quy định và thành thạo đối với giáo dục chính quy cho đến nay khác xa với cách học thực hành mà các doanh nhân đánh giá cao. Cần rất nhiều sự trưởng thành để xem quá trình này là một phương tiện cần thiết để kết thúc, một thứ tạo ra nhiều cơ hội thú vị hơn.

Một thách thức khác là đối với các doanh nhân, việc sử dụng la bàn đạo đức của chính họ sẽ hợp lý hơn so với của người khác. Các quy tắc đã được thực hiện để bị phá vỡ. Đó là một tình cảm mà một số giáo viên trung học hoặc giám sát công ty có khả năng chia sẻ và điều này có thể mang lại cho tính cách của doanh nhân một số danh tiếng. Nhưng nếu họ giảm thiểu các vấn đề, khai thác năng lượng của họ và tập trung vào những điều nhàm chán, các doanh nhân là một lực lượng đáng để cân nhắc.

Có lẽ với cái nhìn sâu sắc nhất, không được lọc trong bất kỳ loại hình nào, các doanh nhân có một kỹ năng độc đáo trong việc nhận ra những thay đổi nhỏ. Cho dù đó là sự thay đổi trong biểu hiện trên khuôn mặt, một phong cách ăn mặc mới, hay một thói quen bị hỏng, những người có kiểu tính cách này thu nhận những suy nghĩ và động cơ tiềm ẩn mà hầu hết các chàng trai sẽ may mắn tìm thấy một cái gì đó cụ thể. Các doanh nhân sử dụng những quan sát này ngay lập tức, kêu gọi thay đổi và đặt câu hỏi, thường bất kể mức độ nhạy cảm. Các doanh nhân phải nhớ rằng không phải ai cũng muốn những bí mật và quyết định của mình bị lộ.

Đôi khi sự quan sát và hành động ngay lập tức của các doanh nhân chỉ là những gì cần thiết, như trong một số môi trường kinh doanh, và đặc biệt là trong những tình huống khẩn cấp.

Tuy nhiên, nếu các doanh nhân không cẩn thận, họ có thể bị cuốn theo thời điểm, đi quá xa và giẫm đạp lên những người nhạy cảm hơn, hoặc quên chăm sóc sức khỏe và sự an toàn của bản thân. Chỉ chiếm 4% dân số, chỉ có đủ các doanh nhân để giữ cho mọi thứ trở nên cay độc và cạnh tranh, và không đủ để gây ra rủi ro hệ thống.

Các doanh nhân tràn đầy đam mê và năng lượng, được bổ sung bởi một lý trí, mặc dù đôi khi bị phân tâm. Truyền cảm hứng, hấp dẫn và đầy màu sắc, họ là những nhà lãnh đạo nhóm bẩm sinh, dẫn dắt tất cả mọi người trên con đường ít phải đi, mang lại cuộc sống và sự phấn khích cho bất cứ nơi nào họ đến. Đặt những phẩm chất này vào một mục đích xây dựng và bổ ích là thách thức thực sự đối với các Doanh nhân.

ESFP: Nhà Giải Trí

Nhà Giải Trí (ESFP) là một người có các đặc điểm tính cách Hướng ngoại, Quan sát, Cảm nhận và Triển vọng. Những người này thích trải nghiệm sôi động, tham gia vào cuộc sống một cách tham lam và thích khám phá những điều chưa biết. Họ có thể rất xã hội, thường khuyến khích người khác chia sẻ các hoạt động.

Nếu ai thích ca hát và nhảy múa một cách ngẫu hứng thì đó là kiểu tính cách Nhà Giải Trí. Các Nhà Giải Trí bị cuốn vào sự phấn khích của thời điểm này và muốn mọi người cũng cảm thấy như vậy. Không có kiểu tính cách nào khác hào phóng với thời gian và năng lượng của họ như các Nhà Giải Trí khi khuyến khích người khác, và không kiểu tính cách nào khác làm điều đó với phong cách không thể cưỡng lại được như vậy.

Nhà Giải Trí yêu thích ánh đèn sân khấu và cả thế giới là sân khấu. Nhiều người nổi tiếng với kiểu tính cách Entertainer thực sự là diễn viên, nhưng họ cũng thích tổ chức một buổi biểu diễn cho bạn bè của họ, trò chuyện với một tâm hồn độc đáo và trần tục, thu hút sự chú ý và khiến mọi chuyến đi chơi giống như một bữa tiệc. Hoàn toàn mang tính xã hội, Người giải trí đánh giá cao những điều đơn giản hơn và không có niềm vui nào lớn hơn đối với họ ngoài việc vui vẻ với một nhóm bạn tốt.

Nó cũng không chỉ là nói chuyện - Nhà Giải Trí có gu thẩm mỹ mạnh nhất trong bất kỳ kiểu tính cách nào. Từ việc chải chuốt, trang phục cho đến một ngôi nhà sang trọng, các nhân vật giải trí đều có mắt nhìn thời trang. Biết được điều gì hấp dẫn ngay khi nhìn thấy, các Nhà Giải Trí không ngại thay đổi môi trường xung quanh để phản ánh phong cách cá nhân của họ. Các Nhà Giải Trí thường tò mò và dễ dàng khám phá các thiết kế và phong cách mới.

Mặc dù điều này dường như không phải lúc nào cũng đúng, nhưng các nhà Nhà Giải Trí biết đó không phải là tất cả về họ - họ có óc quan sát và rất nhạy cảm với cảm xúc của người khác. Những người có kiểu tính cách này thường là người đầu tiên giúp đỡ ai đó nói về một vấn đề khó khăn, vui vẻ hỗ trợ tinh thần và những lời khuyên thiết thực. Tuy nhiên, nếu vấn đề liên quan đến họ, Nhà Giải Trí có nhiều khả năng tránh xung đột hơn là giải quyết trực tiếp. Các Nhà Giải Trí thường thích một chút kịch tính và đam mê, nhưng không quá nhiều khi họ là trung tâm của những lời chỉ trích mà nó có thể mang lại.

Thách thức lớn nhất mà các Nhà Giải Trí phải đối mặt là họ thường quá chú tâm vào những thú vui trước mắt đến mức sao nhãng bổn phận và trách nhiệm khiến những thứ xa hoa đó có thể thành hiện thực. Phân tích phức tạp, các nhiệm vụ lặp đi lặp lại và thống kê phù hợp với hậu quả thực tế không phải là những hoạt động dễ dàng đối với Nhà Giải Trí. Họ thích dựa vào may mắn hoặc cơ hội, hoặc đơn giản là nhờ sự giúp đỡ từ nhóm bạn bè đông đảo của họ. Điều quan trọng đối với các Nhà Giải Trí là phải thử thách bản thân để theo dõi những thứ dài hạn như kế hoạch nghỉ hưu hoặc lượng đường tiêu thụ của họ - sẽ không phải lúc nào cũng có một ai đó xung quanh có thể giúp bạn theo dõi những điều này.

Nhà Giải Trí nhận ra giá trị và phẩm chất, bản thân nó là một đặc điểm tốt. Kết hợp với xu hướng trở thành những người lập kế hoạch tồi, điều này có thể khiến họ sống vượt quá khả năng của mình, và thẻ tín dụng đặc biệt nguy hiểm. Tập trung hơn vào việc nắm bắt cơ hội hơn là hoạch định các mục tiêu dài hạn, các Nhà Giải Trí có thể nhận thấy rằng sự thiếu chú ý của họ đã khiến một số hoạt động không có khả năng chi trả.

Không có gì khiến các Nhà Giải Trí đau khổ như nhận ra rằng họ bị bối cảnh khóa chặt, không thể tiếp cận bạn bè. Nhà Giải Trí được chào đón ở bất cứ nơi đâu cần tiếng cười, sự vui tươi và là tình nguyện viên để thử một điều gì đó mới mẻ và thú vị - và không có niềm vui nào lớn hơn cho những cá tính của nhà lãnh đạo hơn là mang tất cả mọi người cùng tham gia. Nhà Giải Trí có thể trò chuyện hàng giờ, đôi khi về mọi thứ, trừ chủ đề họ muốn nói, và chia sẻ cảm xúc của những người thân thiết với họ trong thời điểm tốt và xấu. Nếu họ có thể nhớ để giữ cho đàn vịt của mình theo hàng, họ sẽ luôn sẵn sàng tham gia vào tất cả những điều mới mẻ và thú vị mà thế giới mang lại, các bạn cùng tham gia.

Tarot và Nhân Dạng Xã Hội Qua MBTI

Từ MBTI, chúng ta có thể rút ra được các

ngành nghề tương ứng phù hợp. Bằng cách kết nối giữa Tarot và MBTI, chúng ta thiết lập được kết nối từ Tarot đến Nghề Nghiệp. Nhờ đó, chúng ta xác định được nhận biết xã hội của đối tượng mà chúng ta tìm kiếm hay dự đoán.

.

MBTI và Tarot		
	The Fool	ENTP
	The Magician	ESFP
	The Popess	ISFJ
	The Empress	ESFJ
	The Emperor	ENTJ
	The Pope	INTJ
	The Lovers	INFJ
	The Chariot	INTP
	The Justice	ESTJ
Major	The Hermit	ENFJ
Arcana	The Wheel of Forune	ISFP
	The Strengh	ENFP
	The Hangedman	ISTP
	The Temperance	INFP
	The Devil	ISTJ
	The Tower	ISTP
	The Star	INTP
	The Moon	ISFJ
	The Sun	INTJ
	The Judgement	ISFP
	The World	ESTP
	Ace	INTP
	2	INTJ
	3	INTP
	4	INTJ
	5	INTP
	6	ENTJ
Wands	7	ENTP
	8	ENTJ
	9	ENTP
	10	ENTJ
	Page	INTP
	Knight	ENTP
	Queen	INTJ
	King	ENTJ
	Ace	INFP
	2	INFJ
	3	INFP
	4	INFJ
	5	INFP
	6	ENFJ
Cups	7	ENFP
	8	ENFJ
	9	ENFP
	10	ENFJ
	Page	INFP
	Knight	ENFP
	Queen	INFJ
	King	ENFJ
	Ace	ISTP
	2	ISTJ
	3	ISTP
	4	ISTJ
	5	ISTP
	6	ESTJ
Swords	7	ESTP
	8	ESTJ
	9	ESTP
	10	ESTJ
	Page	ISTP
	Knight	ESTP
	Queen	ISTJ
	King	ESTJ
	Ace	ISFP
	2	ISFJ
	3	ISFP
	4	ISFJ
	5	ISFP
	6	ESFJ
Pentacles	7	ESFP
	8	ESFJ
	9	ESFP
	10	ESFJ
	Page	ISFP
	Knight	ESFP
	Queen	ISFJ
	King	ESFJ

Sau khi tra bảng bên trên để tìm ra giá trị MBTI của lá bài, các bạn có thể truy lục danh sách bên dưới đây, để biết được nhân dạng nghề nghiệp tương ứng với MBTI đó. Từ đó có thể dự đoán được nhân dạng cần biết

1. Nghề Nghiệp của ENFJ

Nhà tư vấn giáo dục, Nhà tâm lý học, Công tác xã hội /Tổ chức phi chính phủ, Nhà giáo, Tăng lữ (người tu hành), Đại diện bán hàng/MC, Quản lí nhân sự/Nhân sự, Quản lí doanh nghiệp/Đối ngoại, Tổ chức sự kiện, Chính trị gia /Nhà ngoại giao, Nhà văn

2. Nghề Nghiệp của ENFP

Chuyên viên tư vấn sức khoẻ, Bác sĩ tâm lý., Doanh nhân., Diễn viên., Nhà giáo., Luật sư., Chính trị gia/Nhà ngoại giao., Nhà văn/Nhà báo., Phóng viên., Lập trình viên, chuyên gia phân tích hệ thống hoặc chuyên gia máy tính., Khoa học gia/Kĩ sư

3. Nghề Nghiệp của ENTJ

Giám đốc điều hành, Xây dựng tổ chức/doanh nghiệp/công ty, Doanh nhân, Cố vấn về máy tính, Luật sư, Quan tòa, Quản trị doanh nghiệp, Giảng viên (Đại học)

4. Nghề Nghiệp của ENTP

Luật sư., Nhà tâm lý học., Doanh nhân., Thợ chụp ảnh., Cố vấn., Kỹ sư., Nhà khoa học., Diễn viên., Nhân viên đại diện bán hàng., Tiếp thị cá nhân., Lập trình viên, nhà phân tích cấu trúc dữ liệu, chuyên gia máy tính.

5. Nghề Nghiệp của ESFJ

Kinh doanh hộ gia đình, Y tá, Giáo viên, Lãnh đạo, Chăm sóc trẻ em, Chăm sóc sức khỏe tại gia, Tăng lữ hoặc những việc liên quan đến tôn giáp, Trưởng phòng, Cố vấn/Công tác xã hội, Thủ thư/Kế toán, Trợ lí giám đốc

6. Nghề Nghiệp của ESFP

Nghệ sĩ, người biểu diễn và diễn viên., Đại diện bán hàng., Tư vấn tâm lý/Công tác xã hội., Chăm sóc trẻ em., Thiết kế thời trang., Trang trí nội thất., Chuyên gia tư vấn., Nhiếp ảnh gia.

7. Nghề Nghiệp của ESTJ

Lãnh đạo quân đội, Quản lý, Cảnh sát/Thám tử, Quan tòa, Nhân viên kế toán, Nhà giáo, Bán hàng

8. Nghề Nghiệp của ESTP

Nhân viên đại diện bán hàng., Cảnh sát/thám tử., Y tá/Nhân viên cấp cứu., Kỹ sư máy tính., Hỗ trợ kĩ thuật máy tính., Doanh nhân.

9. Nghề Nghiệp của INFJ

Giám mục /Các công việc liên quan đến tôn giáo, Giáo viên, Bác sĩ /Nha sĩ, Các lĩnh vực liên quan đến chăm sóc sức khoẻ, Nhà tâm lý học, Bác sĩ tâm thần, Những người làm công tác xã hội, Nhạc sĩ /Hoạ sĩ, Nhiếp ảnh, Chăm sóc trẻ em /Phát triển trẻ em

10. Nghề Nghiệp của INFP

Nhà văn., Cố vấn /Nhân Viên Xã Hội., Giáo viên /Giáo sư., Nhà tâm lý học., Nhà tâm thần học., Nhạc sĩ., Tăng lữ /Người hoạt động tôn giáo.

11. Nghề Nghiệp của INTJ

Nhà khoa học, Kỹ sư, Giáo sư và giáo viên, Bác sĩ y khoa/nha sĩ, Nhà hoạch định chiến lược và xây dựng tổ chức công ty, Quản trị kinh doanh /nhà quản lý, Lãnh đạo quân đội, Luật sư, Thẩm phán, Lập trình viên máy tính, nhà phân tích hệ thống và chuyên gia máy tính

12. Nghề Nghiệp của INTP

Nhà khoa học – đặc biệt trong nghiên cứu Vật Lí, Hóa Học., Nhiếp ảnh gia., Chiến lược gia., Nhà Toán học., Giáo sư đại học., Lập trình viên, nhà phân tích cấu trúc dữ liệu, người vẽ hoạt hình máy tính và chuyên gia máy tính., Chuyên viên thiết lập kỹ thuật., Kỹ sư., Luật sư., Thẩm phán., Chuyên viên khám nghiệm hiện trường., Người bảo vệ pháp lý và viên kiểm lâm.

13. Nghề Nghiệp của ISFJ

Trang trí nội thất, Nhà thiết kế, Y tá, Quản lý/Quản lý hành chính, Trợ lí giám đốc, Chăm sóc trẻ em /Phát triển trẻ em, Công tác xã hội /Cố vấn, Tăng lữ /Người làm việc liên quan đến tôn giáo, Trưởng phòng, Người quản lí cửa hàng, Người quản lí nhà sách, Quản lí kinh tế gia đình

14. Nghề nghiệp của ISTJ

Quản lý kinh doanh, Quản trị và giám đốc điều hành, Kế toán và nhân viên tài chính, Cảnh sát và thám tử, Thẩm phán, Luật sư, Bác sĩ /Nha sĩ, Lập trình viên, phân tích hệ thống, và chuyên gia máy tính, Quân đội

15. Nghề Nghiệp của ISTP

Cảnh sát và thám tử, Pháp y, Lập trình viên, chuyên gia phân tích hệ thống, chuyên gia máy tính, Kỹ sư, Thợ mộc, Thợ cơ khí, Phi công, tài xế, vận động viên đua xe, Vận động viên thể dục thể thao, Nhà thầu khoán

16. Nghề nghiệp của ISFP

Nghệ sĩ, Nhạc sĩ, Nhà thiết kế, Chăm sóc trẻ em /Phát triển trẻ em, Người làm công tác xã hội /Cố vấn, Giáo viên, Nhà tâm lí học, Bác sĩ thú y, Kiểm lâm viên Bác sĩ khoa nhi

Trải Bài Sử Dụng

Phương pháp này nên được sử dụng kèm với lá Synthese trong truyền thống Pháp-Ý để định số lượng đặc trưng diện mạo, sau đó mới sử dụng các lá đặc trưng rút được để dự đoán từ 1 đến vài lá tùy lá Synthese.

Phương pháp này có thể được lồng ghép trong trải bài cụ thể nào đó, hoặc kiểu tự do.

CHƯƠNG III

PHƯƠNG PHÁP NHÂN DẠNG THEO

ĐẠI DIỆN

Phương pháp nhân dạng theo đại diện là phương pháp cổ xưa nhất từng được sử dụng, mà theo lịch sử có thể kéo đến tận thời kỳ của Etteilla. Phương pháp nhân dạng này cùng với phương pháp nhân dạng theo nhân ảnh là hai phương pháp duy nhất dựa trên nhân dạng bên ngoài thay vì nội tâm như các phương pháp còn lại. Chúng ta được chỉ dẫn tương đối cụ thể trong các tác phẩm của Etteilla; A.E.Waite; McGregors Mathers và nhiều nhà huyền học khác. Ở đây, chúng tôi sẽ truy lục lại các chỉ dẫn đó. Phương pháp này thuộc về nhóm phương pháp nhân dạng tướng mạo, mặc dù có kết hợp ít nhiều yếu tố tâm lý.

Phương Pháp I: Chỉ dẫn của A.E.Waite

Phương pháp dựa vào độ tuổi:

Đây là phương pháp được đề cập đến trong sách của Waite bằng cách suy đoán vào độ tuổi. Mà cụ thể là:

Các lá Page đại diện cho những người trẻ tuổi, cụ thể hơn là những người nữ nhỏ tuổi. Và tùy vào sự quan sát của người đọc bài mà chọn lựa.

Thí dụ như một người nữ trẻ tuổi năng động, nhiệt tình, thiếu kiên nhẫn thì có thể là lá Page Of Wands. Mở rộng ra, chúng tôi nghĩ bạn đọc không nên tự giới hạn, thí dụ như một chàng trai hướng nội, trầm tính, đầy cảm xúc thì có thể là Page Of Cups.

Các lá Knight lại đại diện cho một người đàn ông tầm khoảng bốn mươi tuổi trở lên. Chúng ta đang tham chiếu phương pháp từ Waite, để tránh nhầm lẫn với các quan điểm khác trong việc lựa chọn lá bài cho độ tuổi này, vì theo một số quan điểm thì nên sử dụng lá King thay vì Knight. Trích dẫn gốc: "A Knight should be chosen as the Significator if the subject of inquiry is a man of forty years old and upward"- The Pictorial Key to the Tarot.

Các lá Queen lại đại diện cho người phụ nữ trưởng thành, có thể tầm khoảng bốn mươi tuổi trở lên. Một người phụ nữ duyên dáng, giao tiếp khéo léo, khôn ngoan thì có thể là lá Queen Of Swords. Trái lại, người phụ nữ thân thiện, trầm tính, nghiêm túc, ổn định thì lá Queen Of Pentacles có thể là ám chỉ.

Các lá King, "a King should be chosen for any male who is under that age", và như đã nêu ở trên ở một số quan điểm cho rằng các lá King nên là những người trưởng thành lớn tuổi, thì theo quan điểm của Waite thì lá King đại diện cho những người nam trẻ tuổi hơn so với các lá Knight.

Thí dụ như lá King Of Cups có thể đại diện cho một người nam tầm khoảng từ hai mươi cho đến ba mươi tuổi, với một vài đặc điểm tương ứng với King Of Cups là mang lại cho người khác sự an toàn, bí ẩn, lãng mạn, ân cần…

Phương pháp dựa vào ngoại hình:

Phương pháp này cũng đồng thời được đề cập bởi Waite trong chính cuốn sách của ông. Nhưng việc sử dụng có vẻ khá hạn chế vì chỉ tập trung vào đặc điểm ngoại hình của người châu u. Tuy nhiên, chúng tôi cũng đề cập đến để bạn có thêm nhiều nguồn lựa chọn trong việc chọn lựa phương pháp sử dụng riêng cho mình.

Các lá mặt trong bộ gậy đại diện cho những người ngay thẳng, trực tính, với tóc vàng hoặc nâu vàng, nước da đẹp và đôi mắt xanh.

Các lá mặt trong bộ cúp đại diện cho những người có tóc màu nâu sáng hoặc đậm màu, với đôi xám hoặc xanh.

Các lá mặt trong bộ kiếm đại diện cho những người có đôi mắt màu màu hạt dẻ hoặc màu xám, mái tóc màu nâu sẫm và làn da xỉn màu.

Các lá mặt trong bộ tiền/bộ sao đại diện những người có mái tóc màu nâu tối hoặc tóc đen, đôi mắt màu đen và làn da ngăm hoặc tái xám.

A.E.Waite

(theo tư liệu cổ)

Phương Pháp II: Chỉ dẫn của S.McGregors Mathers

Sau đây là một số chỉ dẫn được tôi trích lọc lại từ các sách của Mathers có liên quan đến nhân dạng được ông nói đến rải rác các nơi:

King of Sceptres.--người đàn ông sống ở nông thôn, ông chủ điền trang, có tri thức, có giáo dục; người đàn ông có bản chất tốt nhưng tính tình rất hà khắc, cho lời khuyên, tham khảo, có sự suy nghĩ khá thận trọng.

Queen of Sceptres.--người phụ nữ sống ở ngoại ô, quý bà của điền trang, người đàn bà yêu tiền, hám lợi, tham lam, cho vay nặng lãi; người phụ nữ tốt có đạo đức, nhưng nghiêm khắc và tiết kiệm.

Knave of Sceptres.--Một Người Lạ Tốt Bụng.

King of Cups.--người đàn ông da trắng, tốt bụng, tử tế, hào phóng, khoan hồng; người đàn ông có một vị trí tốt, nhưng gian xảo trong các giao dịch.

Queen of Cups.--người phụ nữ da trắng, thành công, hạnh phúc,; người phụ nữ có một vị trí tốt, nhưng hay can thiệp vào việc của người khác, và không đáng tin cậy.

Knave of Cups.--một người trẻ da trắng, tự tin, trung thực, biết suy xét chín chắn, chính trực; người xu nịnh, mưu mẹo gian dối, thủ đoạn.

King of Swords.--luật sư, người đàn ông của luật pháp, quyền lực, chỉ huy, tính ưu việt, quyền thế; người đàn ông độc ác.

Queen of Swords.—đàn bà bị cảnh goá, người phụ nữ xấu tính, gắt gỏng và hẹp hòi.

Knight of Swords.--một người lính, nghề nghiệp của người này thiên về quân sự, một thằng ngốc kiêu ngạo, ngây thơ, đơn giản.

Knave of Swords.--gián điệp có uy tín;

King of Pentacles.--người đàn ông da đen, can đảm; người đàn ông già xấu xa hằn học, người đàn ông nguy hiểm.

Queen of Pentacles.--người phụ nữ da đen, người phụ nữ rộng lượng, cao thượng, và hào phóng; nữ ác quỷ thật sự, người phụ nữ đáng ngờ, người phụ nữ thật sự được cho là không đáng tin.

Knight of Pentacles.--người đàn ông có năng lực, đáng tin cậy, người đàn ông dũng cảm, nhưng nhàn rỗi, thất nghiệp.

Knave of Pentacles.--người trẻ tuổi da đen có phép tắc.

Nine of Swords.--một Giáo Sĩ, Linh Mục.

Six of Swords.--Người Đại Diện Ngoại Giao, Người Đưa Tin.

Three of Swords.--Nữ Tu

Deuce of Swords.--Những người bạn giả tạo.

Eight of Pentacles.--Cô Gái da đen, Xinh Đẹp

Five of Pentacles.--Người Yêu hoặc Tình Nhân

Three of Pentacles.-- Con Cái, Con Trai, Con Gái, Người Trẻ Tuổi.

Deuce of Pentacles.-- Người Đưa Tin.

Deuce of Cups.-- Phe Đối Lập,

Eight of Cups.--Một người con gái da trắng

Five of Sceptres.--Luật Sư, người của Toà Án.

Sau đây là cách chọn lá đại diện trong trải bài theo mô tả của Mathers, thông qua đó, chúng ta có thể biết được quan niệm của ông về tính đại diện của lá bài, mặc dù không đầy đủ, nhưng rất khái quát:

Những lá bài Hoàng Gia, và đặc biệt những lá King và Queen, có thể được cho là đại diện cho một người […]. Bộ Swords miêu tả những người da cực đen; bộ Pentacles; những người da ngâm; bộ Cups, người có nước da khá trắng, bộ Wands hoặc Sceptres, những người này da trắng hơn nữa, v.v.... Nhiều lá Wands kết hợp lại có thể biểu thị bữa tiệc, nhiều lá Cups liên quan sự tán tỉnh, ve vãn, những lá Swords sẽ là cuộc cãi vã và điều phiền muộn, Coins hay Pentacles là tiền bạc. […] Những lá Kings đại diện cho chính mình, dựa vào màu da của anh ta. […] nếu da cô khá trắng thì lá đại diện là Queen of Cups, Nếu cô có làn da cực kì trắng thì lấy lá Queen of Wands hoặc Sceptres. [...] một thanh niên hay một cậu bé trai, [...] những lá Knights; nếu là một cô gái còn rất trẻ, [...] lá Knave, v.v.

Samuel Liddell MacGregor Mathers

(theo tư liệu cổ)

Phương Pháp III: Chỉ dẫn của Etteilla

Chúng ta thực ra không có nhiều tư liệu lắm về Etteilla. Sau đây là một số chỉ dẫn mà tôi tìm thấy trong di cảo của ông hoặc từ di cảo của người khác nói về cách ông xem tarot:

The Pope.--là cho đàn ông.

High Priestess.-- phụ nữ;

The Knight of Cups.-- chuyến viếng thăm của một người thanh niên da trắng

Chúng ta được biết là các học trò của ông (và học trò của học trò của ông), đặc biệt là Julia Osini có để lại một cuốn sách, sau đó A.E.Waite có sử dụng nền tảng này.

Etteilla

(theo một tư liệu cổ)

Trải Bài Sử Dụng

Phương pháp này nên được sử dụng lồng ghép trong trải bài cụ thể nào đó, hoặc kiểu tự do. Phương pháp chỉ nên sử dụng 1 lá bài cho trải bài riêng lẻ.

CHƯƠNG IIII

PHƯƠNG PHÁP NHÂN DẠNG THEO NHÂN ẢNH

Nguyên Lý

Phương pháp nhân dạng theo nhân ảnh ra đời khá muộn, được áp dụng tương đối rộng rãi. Phương pháp này tìm kiếm sự tương đồng nhất định hoạt cảnh và hình ảnh nhân vật trong lá bài để dự đoán hình ảnh thực tế của nhân vật cần tìm hay cần biết, chủ yếu dựa trên ngoại hình hay hoạt cảnh cần gặp. Các biểu tượng trong lá bài cũng được coi như các chỉ dẫn phụ giúp tìm ra nhân vật hay đối tượng cần tìm. Biểu tượng này có thể xuất hiện trên áo quần, hay bối cảnh gặp, hay trên các trang sức nhân vật cần tìm đẹp theo. Phương pháp này thuộc về thể loại nhân dạng tướng mạo, mặc dù có sử dụng ít nhiều yếu tố nhận diện xã hội.

BỘ ẨN CHÍNH (MAJOR ARCANA)

0 – The Fool:

Hình ảnh tiêu biểu của lá bài thường là hình một chàng trai trẻ đang lang thang trên đường, bên tay là một cành hoa hồng, tay còn lại mang tay nảy. Dáng đi thong thả đùa bỡn, không mục đích. Lá bài này thường ám chỉ một trạng thái lưng chừng không quyết đoán, hoặc trạng thái đổi chiều một cách vô định dù có lúc là không ý thức.

Biểu tượng: con chó trắng, cành hồng, áo xanh lá chen bông vàng, gậy, túi xách cam, quần xanh lá nhẹ, giầy vàng, áo trong trắng, mũ lông vũ.

1 - The Magician:

Hình ảnh chủ đạo của lá bài này là một người trong vai trò nhà ma thuật, tay cầm các dụng cụ ma thuật đang biểu diễn hoặc thực hiện các trò phù phép. Tay và trên bàn thường cầm bốn vật dụng gậy, kiếm, tiền, ly đại diện cho bốn mặt của con người: quyền lực, sức mạnh, tiền bạc, tình cảm. Có đôi khi hình ảnh vô cực cũng xuất hiện trên đầu của nhân vật, hoặc tay nhân vật cầm một gậy phép giơ cao. Nhân vật đứng thẳng hoặc trong tư thế sẵn sàng, mặt tự tin và đầy ý chí.

Biểu tượng: nam mặc áo trong trắng, áo khoác đỏ, dây nịch da rắn, băng đô trắng, gậy trắng.

2- The High Priestess

Hình ảnh chủ đạo của là một người nữ tu đang ngồi tĩnh tại, bản thân người này là kẻ nắm giữ những tri thức huyền bí, vừa là kẻ canh giữ ngôi đền tri thức thiêng liêng. Người nữ tu ngồi giữa hai cây cột đen trắng đại diện cho ánh sáng và bóng tối, phía sau lưng là bức màn có vẽ hình cây sự sống. Trên tay của người nữ tu có cầm một cuộn sách mở hé ra một nửa, tượng trưng cho những tri thức công truyền lẫn bí truyền. Trên đầu nữ tu là vương miện của nữ thần Isis. Mặt trăng dưới chân nữ tu đại diện cho sự trong sáng, lòng khoan dung, tiềm thức.

Biểu tượng: nữ trung niên hay còn trẻ, áo xanh lam, nón trắng, có đeo chữ thập, hình mặt trăng, áo váy phủ, mạn che, cuộn thư, cuốn sách.

3- The Empress

Lá bài diễn tả một người phụ nữ xinh đẹp với mái tóc vàng rực rỡ. Bà ta đại diện cho nữ tính, sự cao quý, sự sáng tạo. Xung quanh bà là dòng suối uốn quanh, rừng cây tươi tốt, cánh đồng vàng đang vào mùa thu hoạch. Đại diện lần lượt cho cảm xúc, bí ẩn, sự sinh sôi nảy nở. Bên dưới vương tọa mà bà đang ngồi, có biểu tượng cho nữ giới trong sinh học, đồng thời cũng là biểu tượng của sao kim trong chiêm tinh học.

Biểu tượng: nữ trung niên hay còn trẻ, áo đầm trắng đốm đỏ xanh, áo bầu viền cổ vàng, biểu tượng sao kim, nón có hoa sao li ti trắng, gối đệm cam đỏ, gậy đầu tròn, tóc vàng.

4- The Emperor

Lá bài miêu tả một người đàn ông đầy uy quyền đang ngồi trên vương tọa bằng đá. Ở đó có chạm khắc hình dáng của chiếc đầu cừu đực, đại diện cho chòm sao Bạch Dương. Nếu như lá hoàng hậu đại diện cho nữ tính, thì lá hoàng đế đại diện cho nam tính. Dòng sông chảy sau lưng vươn tọa, uốn quanh những rặng núi đá là sự đại diện cho những cảm xúc, tình cảm sâu kín được che dấu. Còn những rặng núi lại đại diện cho sự kiên trì, quả quyết, đôi khi là cố chấp. Trên tay ông cầm cây vương trượng và quả cầu vàng là những vật đại diện cho quyền uy của chính bản thân hoàng đế trong vương quốc của mình.

Biểu tượng: nam đã già, áo đỏ, quần thép hay đính kim loại, áo trong màu lam, áo choàng đỏ vang, nón kim loại vàng, tay cầm gậy kim loại, râu dài trắng, ngồi ghế đá.

5 - The Hierophant

Lá bài miêu tả một vị đại trưởng lão đang một tay niết ấn, một tay cầm thần trượng. Hai mắt đầy uy nghiêm đang nhìn về phía trước. Ngài ngồi trong một ngôi đền, trên ngai thiêng, bên dưới có hai tín đồ đang thành khẩn lắng nghe những điều mà ông rao giảng. Trên đầu ngài có vương miện ba tầng, hai chiếc khóa vắt chéo đại diện cho tinh thần và trí tuệ, và ngài là người nắm giữ chìa khóa để mở ra cánh cửa nối giữa thiên quốc và nhân gian. Cây thần trượng của ngài có ba tầng, đại diện cho cha, con, thánh thần.

Biểu tượng: đều là nam, đối với người lớn hơn hay quan trọng hơn thì áo đỏ ru băng trắng, áo thầy tu, áo trong trắng, nón kim loại có tầng, váy lam, giầy trắng, phụ kiện hình chữ thập, choàng cổ lam. Đối với người nhỏ hơn hay kém hơn thì áo trắng hay xám có chen đỏ hay lam, đầu hói, phụ kiện có ru băng vàng.

6- The Lover

Lá bài mô tả một vị thiên thần có cánh ẩn nửa

165

thân trong mây đang kết nối một người phụ nữ và một người đàn ông. Vị thiên thần đại diện cho sự thăng hoa thánh khiết thiêng liêng, còn người đàn ông và người phụ nữ lại đại diện cho khía cạnh bình phàm, bản năng trong tình yêu. Vị thiên thần nhắm mắt lại, bởi vì những điều tốt đẹp không phải nhìn bằng mắt mà phải dùng tim để cảm nhận. Phía sau lưng người đàn ông là một cái cây giống như những ngọn lửa, nó chính là cây sự sống (Tree of life). Trong khi cây trí tuệ (Tree of knowledge), được rắn quấn quanh đứng sau người phụ nữ, con rắn mang trên mình hàm ý về sự thông thái tiềm ẩn cũng như ẩn ý về sự sa ngã trong câu chuyện của Adam và Eva.

Biểu tượng: cả nam và nữ, đối với người quan trọng hơn thì áo choàng tím, tóc nhuộm màu đỏ xanh; đối với người ít quan trọng hơn thì trần truồng, tóc xoắn.

166

7 - The Chariot

Lá bài miêu tả một người đàn ông trưởng thành đứng trong một cỗ xe bằng đá được kéo bởi hai con nhân sư. Người đàn ông như đứng xoay mặt lại với thành phố sau lưng, hình ảnh này thể hiện sức mạnh ý chí đối với những rào cản luật lệ lỗi thời trong xã hội. Anh ta không phải là kẻ nổi loạn, mà là người không bị những thói thường ảnh hưởng.

Biểu tượng: người nam áo đính kim loại, màu lam hay trắng, quần váy có xếp nếp li, y phục có cầu vai xanh, tóc vàng, nón kim loại, thắt lưng màu vàng có chia ô, ống tay áo màu trắng có phủ li, có vật nuôi mang theo, đi xe hay phương tiện.

8 – Strength

Lá bài mô tả một người phụ nữ đang nhắm mắt

cầm chắc miệng con sư tử có vẻ hung dữ. Lưỡi con sư tử vàng thè ra ngoài. Trên đầu người phụ nữ áo trắng này có biểu tượng vô cực đã từng xuất hiện trong lá magician. Người phụ nữ đại diện cho phần người, tính thiện trong con người, còn con sư tử vàng lại đại diện cho bản năng, tính ác. Kẻ thù lớn nhất của con người chính là bản thân chúng ta.

Biểu tượng: người nữ áo dài trắng, tóc đội hoa hay cây cỏ, dây thắt lưng hình hoa lá, có thú nuôi đi theo.

9 - The Hermit

Lá bài miêu tả hình ảnh cụ già một tay cầm trượng, một tay cầm đèn. Hai mắt cụ già đang nhắm lại. Đây là lá bài mang tên " ẩn sĩ", tượng trưng cho sự thấu suốt những điều bên ngoài, và chuẩn bị cho hành trình khám phá phần bên trong sâu thẳm của con người. Ngọn đèn mà vị

168

ẩn sĩ đứng trên ngọn núi tuyết thắp lên tượng trưng cho trí tuệ, bên trong ngọn đèn có hình ảnh ngôi sao sáu cánh, là ấn triện của vua Solomon. Cây trượng tượng trưng cho những gì còn sót lại của con đường tìm kiếm chân lý, sự phúc lạc bên trong.

Biểu tượng: nam già có áo choàng xám có đầu trùm, có đèn trên người hay các vật dụng lóng lánh, cầm gậy, râu tóc trắng bạc.

10 - The Wheel Of Fortune

Lá bài được miêu tả với khá nhiều biểu tượng, đầu tiên là một thiên thần, một con sư tử, một con bò, một con đại bàng, tất cả đều có cánh sau lưng là đại diện cho bốn vị thánh viết bốn cuốn Phúc Âm trong Thiên Chúa Giáo. Cuốn sách trên tay của bốn vị là sách của trí tuệ. Trên bánh xe số phận, có con rắn, là Set - ác thần hủy diệt vũ trụ trong thần thoại Ai Cập đang theo bánh xe đi xuống, người đầu chó, là Anubis - thần bảo hộ cho người chết đang theo bánh xe đi lên. Nằm ở vị trí trên cùng là con nhân sư (có người cho rằng đại diện cho thần Horus - thần hồi sinh), là kẻ canh giữ những bí mật của sự sống.

Biểu tượng: phụ kiện có hình tròn, hình bò, sư tử, đại bàng, thiên thần, nhân sư, rắn, sói.

11 – Justice

Lá bài miêu tả một người phụ nữ nghiêm nghị đang cầm trên tay một chiếc cân và thanh gươm. Phía sau lưng bà là hai cây cột có tấm màn che. Bà đại diện cho nữ thần công lý trong truyền thuyết. Nếu như nữ thần công lý bịt mắt thì sau lưng người phụ nữ này có tấm màn che, có nghĩa là quyết định của con người này là một quyết định công tâm, không bị yếu tố ngoại cảnh làm ảnh hưởng. Chiếc cân là hình tượng chòm Thiên Bình cũng đồng thời đại diện cho sự công bằng. Thanh gươm đại diện cho lực lượng, sức mạnh để bảo vệ chính nghĩa, đồng thời trừng phạt tội ác.

Biểu tượng: nữ trung niên áo choàng đỏ, áo khoác có rua vàng, mũ trùm kim loại, áo trong xanh lá, đeo đính ngực, giày trắng, phụ kiện hình kiếm và cán cân.

12 - The Hanged Man

Lá bài thường miêu tả một người đàn ông bị treo ngược trên giá. Hình ảnh này gợi nhớ đến hình tượng thần Odin treo ngược mình trên cây thế giới (Yggdrasil) để đốn ngộ. Cây thế giới bén rễ trong âm phủ (tiềm thức), mọc xuyên qua cõi (ý thức) và vươn đến thiên đàng (siêu thức). Sắc mặt của người đàn ông bị treo ngược không hề có vẻ xấu xa, tà ác mà nó thể hiện sự bình tĩnh, tự tại. Vầng sáng đằng sau đầu của người này thể hiện cho ngọn lửa trí tuệ chiếu sáng những vùng tăm tối của tâm hồn.

Biểu tượng: nam áo xanh lam, quần đỏ, giầy vàng, tóc vàng xoắn, phụ kiện chữ thập; có thể đang bị trói.

13 – Death

Lá bài thường được miêu tả với một bộ xương mặc giáp đang ngồi trên con ngựa trắng, bên dưới là xác của vị vua, trước mặt là vị giáo hoàng chắp tay nhìn thẳng, bên cạnh là một người trinh nữ đang quỳ cùng với một đứa trẻ đang chắp tay dâng hoa. Ánh bình minh đang lóe dần lên ở phía xa, bên kia là dòng sông chảy uốn quanh. Màu đen của bộ giáp đại diện cho bóng đêm. Cái chết cưỡi con ngựa trắng, màu trắng đại diện cho sự trong sạch cũng như hư vô.

Biểu tượng: đối với người có vị trí cao hơn thì nam mặc áo quân sự hay cảnh sát, màu đen hay xám, đính kim loại, mũ cảnh sát hay quân sự, đi ngựa, cần cờ; đối với người vị trí thấp hơn thì áo choàng vàng có hoa văn đỏ, mũ vàng nếu là nam; nếu là nữ thì áo trắng, tóc vàng; nếu là trẻ em thì áo xanh lam.

14 – Temperance

Lá bài thưởng được miêu tả với hình ảnh một thiên thần đang nhắm mắt, có hai cánh, trên tay cầm hai chiếc cốc. Trên đầu người là biểu tượng của mặt trời, hàm cho sự soi sáng. Đôi cánh đại diện cho tri thức, hai chiếc cốc đại diện cho vô thức và ý thức, dòng nước chảy từ thấp lên cao, tượng trưng cho khả năng kiểm soát một cách tinh diệu. Một chân thiên thần đứng trên mặt đất, một chân để vào dưới mặt nước. Mặt đất đại diện cho thế giới thực tại còn nước lại đại diện cho tiềm thức bí ẩn.

Biểu tượng: nữ áo dài trắng, chân trần, tóc ngắn xoăn, tay cầu ly rượu, đầu có phụ kiện tròn, các phụ kiện có biểu tượng mặt trời, cây hoa lan.

15 - The Devil

Lá bài thường được miêu tả với hình ảnh một kẻ đuôi dài đầu sừng chân dê, được lấy hình tượng từ quỷ vương Baphomet, một tay kẻ này đưa lên trời có biểu tượng của sao thổ, một vì sao báo hiệu xui xẻo, một tay cầm đuốt đốt lên ngọn lửa của người nam. Bên dưới bệ đá, là một nam một nữ lõa lồ, trên cổ quấn hai sợi xích dường như có thể tháo ra bất cứ lúc nào. Ngôi sao ngược trên trán của devil đại diện cho những ma thuật hắc ám, đôi cánh dơi đại diện cho những suy tưởng đen tối.

Biểu tượng: người nam có râu lông nhiều, tóc đỏ hung, trần truồng, mặt ửng đỏ; nữ trần truồng; phụ kiện chùm nho và đốm lửa, xiềng xích.

16 - The Tower

Lá bài miêu tả một tòa tháp đang bốc cháy, sét trên trời đang đánh xuống. Có hai người từ bên trong tòa tháp tẩu thoát ra ngoài, họ đang rơi xuống , mà bên dưới là vách đá cheo leo. Hình ảnh tòa tháp gợi nhắc đến của Babel, tòa tháp thể hiện tham vọng muốn chạm tới thiên đường. Còn sấm sét từ trên trời giáng xuống ở khía cạnh thứ nhất là sự trừng phạt tẩy rửa những xấu xa tăm tối trong tòa tháp, ở khía cạnh thứ hai, chính là sự đốn ngộ trong tâm thức, phá hủy tất cả để tái tạo lại tất cả. Hai kẻ tẩu thoát khỏi tòa tháp, rơi ngược người, thể hiện sự bất lực, không còn có thể kiểm soát những gì xảy ra với bản thân.

Biểu tượng: áo xanh lam, tóc vàng, có đội mũ vàng, giầy đỏ nếu là nữ; áo xanh lam, giầy xám, choàng đỏ nếu là nam; phụ kiện hình tia sét hay tòa tháp hay vương miện.

17 - The Star

Nếu như Temperance trang nghiêm giữ hai chiếc cốc cùng với nước một cách cân bằng, thì người trinh nữ trong lá bài star cầm hai chiếc bình để cho nước chảy một cách tự do. Cung hoàng đạo đại diện cho lá bài là cung bảo bình, hồ nước lớn tượng trưng cho phần vô thức, năm nhánh nước nhỏ là năm giác quan của con người. Con chim đậu sau lưng nàng là con cò quăm, đại diện cho thần Thoth, là vị thần của trí tuệ, phép thuật và thường được miêu tả có chiếc đầu cò quăm. Thoth là người ghi chép, biên soạn tài liệu ở thế giới ngầm cũng như ghi lại những phán quyết ở cổng Maat.

Biểu tượng: nữ tóc trắng trần truồng, tay cần bình rượu hay nước; phụ kiện có hình chim, cốc nước, lá bốn cánh, ngôi sao.

17 - The Moon

Hình ảnh một mặt trăng khuyết có mặt người đang nhắm mắt nằm trong một mặt trăng tròn đang treo hờ hững giữa trời đêm. Bên dưới là một con chó và một con sói đang nhìn lên ánh trăng. Đại diện cho những phần nguyên thủy, bản năng nhất của nòi người. Từ đáy nước, con tôm đang từ từ trồi lên. Nó đại diện cho những nỗi sợ hãi cổ xưa nhất của loài người. Mà chỉ dưới ánh trăng đầy huyễn hoặc chúng ta mới có thể nhìn thấy nó.

Biểu tượng: động vật, phụ kiện tòa tháp, mặt trăng, sói, chó nhà, tôm, cỏ lau.

19 - The Sun

Nếu những vì sao là hi vọng, ánh trăng là huyễn hoặc thì mặt trời lại đại diện cho ánh sáng của hiện thực, chân lý. Sau khi dấn thân vào bóng tối, tinh thần bắt đầu tỏa sáng. Lá bài miêu tả biểu tượng một mặt trời trên cao, đang tỏa ra những luồng sáng thẳng cong khác nhau, bên dưới là một đứa trẻ thơ đang cưỡi con ngựa mà chẳng yên hay dây cương. Tượng trưng cho ý thức tự do như một đứa trẻ trên con ngựa là những gì bản năng nhất. Đứa trẻ chẳng hề mặc chi, tượng trưng cho sự rũ bỏ hết quần danh áo lợi để rồi chỉ còn lại một đôi mắt trẻ thơ đẹp ngời nhìn thấu mọi thứ trên đường trần.

Biểu tượng: trẻ em, có thể là con nít đến sơ sinh, có choàng hay cờ đỏ, có vật nuôi như ngựa màu trắng; phụ kiện hoa hướng dương, mặt trời.

20 – Judgement

Lá bài miêu tả hình ảnh của ngày phán xét cuối cùng, khi mà tiếng kèn của vị thiên thần từ trên tầng mây vang lên, thì loài người, già trẻ trai gái đều từ trong quan tài bật dậy để đón nhận sự phán xét. Vị thiên thần trong lá bài là Gabriel. Là tổng lãnh thiên thần của sự phục sinh và truyền tin. Ba người khỏa thân bên dưới tượng trưng cho sự hợp nhất các trải nghiệm về tinh thần để sẵn sàng đón nhận sự Thiên Khải.

Biểu tượng: đối với người vị thế hơn, áo màu lam trắng, cầm nhạc cụ, tóc nhuộm trắng hoặc hung; đối với người yếu thế hơn, trần truồng hoặc có làn da trắng bệt, tóc vàng hay đen, có thể là nam nữ hay trẻ em.

21 - The World

Các biểu tượng hình ảnh ở bốn góc lá bài The

World cũng đã từng xuất hiện trong lá The Wheel of Fortune. Đầu tiên là một thiên thần, một con sư tử, một con bò, một con đại bàng, tất cả đều có cánh sau lưng là đại diện cho bốn vị thánh viết bốn cuốn Phúc Âm trong Thiên Chúa Giáo. Đồng thời tượng trưng cho bốn cung hoàng đạo Sư tử, Kim ngưu, Bảo Bình, và Bọ Cạp. Hình ảnh người đang phiêu hốt giữa hư không đại diện cho tinh thần đã đốn ngộ, tìm thấy được sự phúc lạc tự bên trong.Hai dải khăn màu đỏ tượng trưng cho luân xa gốc trong biểu tượng Kundalini. Màu xanh của nguyệt quế biểu trưng cây đời xanh tươi. Màu tím của dải lụa là màu của sự tin tưởng, tự tri.

Biểu tượng: có thể là nữ hay trẻ em, trần truồng, mang dãy lụa tím; phụ kiện trâu bò, sư tử, chim ưng, đầu người, thiên thần, nguyệt quế, khăn quàng đỏ, cầm dụng cụ trắng có hai đầu.

ẨN PHỤ (MINOR ARCANA) – BỘ GẬY (WAND SUIT)

Ace Of Wands

Hình ảnh tiêu biểu của lá bài thường là hình ảnh bàn tay nắm chặt một cây gậy, trên đó các nhánh cây đang sinh nổi nảy nở. Bàn tay thường được bao quanh bởi mây. Hình ảnh nền thường là hình ảnh dòng suối hoặc mảng đất màu mỡ, hoặc hình ảnh thể hiện sự trù phú. Tư tưởng chính của lá bài đề cập đến sự sinh nở, sự giàu có sung túc về mặt dân số và thu hoạch, kết quả và sự thừa kế, dòng dõi và nguồn gốc cũng là những mô tả chính của lá bài.

Biểu tượng: bàn tay trắng, cầm cây hay cành cây, phụ kiện hình mây.

Two Of Wands

Hình ảnh tiêu biểu của lá bài thường là một người lãnh chúa quan sát lãnh thổ của bản thân. Các chi tiết biểu thị sự hùng mạnh của đế chế được thể hiện rõ trên tay cầm: bản đồ, trái cầu, gậy quyền lực, phục sức … Gương mặt lộ vẻ thõa mãn lại vừa đáng sợ. Người lãnh chúa có thể cầm một gậy, hoặc không cầm gậy nào. Tư thế thông thường là đứng, thể sự sự chủ động.

Biểu tượng: người nam giầy cam, choàng đỏ, áo trong nâu đất, mũ đỏ, cầm gậy, phụ kiện hình trái cầu, gậy, hoa li li hoặc hoa hồng.

Three Of Wands

Hình tượng người đàn ông đứng trên đỉnh đồi nhìn ra khung cảnh xa xa chính là sự phát triển đi lên từ lá hai gậy. Người đàn ông đã nắm chắc lấy cây gậy để đi con đường của mình, thể hiện sự quyết chí. Dòng sông và con thuyền đại diện cho sự dịch chuyển, thành công. Những núi đồi trập trùng trước mắt thể hiện cho những khó khăn mà ông ta phải chinh phục để đạt được thành công.

Biểu tượng: người nam áo choàng đỏ, khăn choàng xanh, áo trong màu xanh dương, giầy tím hồng, cầm gậy, đầu có ru băng, tay nải vàng.

Four Of Wands

Hình ảnh tiêu biểu của lá bài thường là bốn cây gậy được cắm thẳng trên mặt đất, phía trên treo vòng hoa tạo thành một cái cổng. Hai người phụ nữ nâng bó hoa lên cao, vẫy chào. Phía sau là hình ảnh một lâu đài, hay dinh thự cũ.

Biểu tượng: người nam, áo trắng, áo khoác xanh dương; người nữ, áo trắng, áo khoác đỏ vang, tay cầm hoa, biểu tương phụ kiện là tràng hoa, lâu đài.

Five Of Wands

Lá bài diễn tả hình ảnh những người đàn ông ăn mặc áo quần sặc sỡ khác nhau. Có vẻ như họ đang giơ những cây gậy lên hệt như đang lao vào cuộc chiến. Nhưng nếu chú ý kỹ hơn, thì dường như họ đang đưa những cây gậy lên cao hay về những phương hướng khác một cách hỗn loạn. Bộ quần áo sặc sỡ khác nhau của những người đàn ông này đại diện cho những ý kiến, tư tưởng trái ngược nhau. Trong khi đó những chiếc gậy lại đại diện cho hành động, công việc mà họ phải hợp sức lại để giải quyết.

Biểu tượng: nhóm người nam mặc áo đủ loại như áo vàng, quần đỏ, tất vàng; áo đỏ, nón đỏ, quần cam, tất xám; áo trắng đốm xanh, quần vàng, giầy cam; áo xanh lá, áo trong trắng, quần đỏ, giầy trắng; áo xanh dương có sọc, quần cam, giầy đỏ.

Six Of Wands

Hình ảnh tiêu biểu của lá bài thường là một người đàn ông mạnh mẽ, thường còn trẻ, vẻ mặt tự tin đang ngồi trên ngựa diễu hành qua các con phố. Bê cạnh là đoàn tùy tùng được phục sức trang trọng đi theo. Người trên ngựa lẫn tùy tùng đều cầm theo gậy dựng đứng. Gậy của người trên ngựa được trang hoàng lộng lẫy.

Biểu tượng: áo choàng đỏ vang, áo trong vàng, quần và giầy cam; đi ngựa, đội nguyệt quế hay nón trang trí cây cỏ.

Seven Of Wands

Hình ảnh tiêu biểu của lá bài thường là một người đàn ông cầm gậy chống lại 6 gậy của người khác. Hình ảnh 6 gậy đôi khi không có người cụ thể mà đôi khi chỉ thấy hình ảnh 6 gậy tượng trưng. Người đàn ông đánh trả quyết liệt với vẻ mặt cương quyết cương quyết. Vị trí của người đàn ông trên đồi hay đôi khi được vẽ trên mỏm đá ở vị trí trên cao, và đắc địa. Lá bài có tư tưởng chung liên quan đến sự tranh đoạt, xung đột lợi ích và nhấn mạnh đến lòng dũng cảm, sự cương quyết.

Biểu tượng: nam áo xanh, áo trong vàng, quần cam sọc, giầy cam sọc.

Eight Of Wands

Lá bài mô tả hình ảnh tám cây gậy đang bay trên bầu trời một cách tự do, với tốc độ rất nhanh không gì cản phá được. Trên thân của những cây gậy có những cành lá và chồi, đại biểu cho sự phát triển, sự sống. Bầu trời màu xanh biển đại diện cho những yếu tố thuận lợi do số phận đưa lại. Dòng sông chảy ngang qua cánh đồng, đại diện cho sự luân chuyển, những ngọn đồi xa xa màu xanh tươi đại diện cho những thành quả về vật chất.

Biểu tượng: gậy hay cành cây đang xanh tốt.

Nine Of Wands

Hình ảnh tiêu biểu của lá bài thường là một người đàn ông đứng hay ngồi canh gác, tay cầm một cây gậy, vẻ mặt căng thẳng và thận trọng, sẵn sàng chiến đấu bất kỳ lúc nào, sau lưng là một hàng rào gậy được bố trí cẩn thận.

Biểu tượng: người nam áo cam, quần nâu đất, giầy xanh lá, áo trong màu tím, bị thương băng bó.

Ten Of Wands

Lá bài miêu tả hình ảnh một người đàn ông đang ôm một bó gậy lớn. Việc này dường như quá sức với ông, vì đám gậy quá nhiều, quá cao, và chúng đang che khuất tầm nhìn của ông. Tuy nhiên, trước mặt của ông là căn nhà và những cảnh quang khác. Các hình ảnh này tượng trưng cho những thành quả mà người đàn ông này sẽ đạt được.

Biểu tượng: nam tóc vàng, áo cam, áo trong trắng, giầy tím.

Page Of Wands

Lá bài miêu tả hình ảnh một người trẻ tuổi ăn vận áo quần với những màu sắc tươi sáng. Trên tay người này cầm một chiếc gậy đưa lên cao khỏi mặt đất, vẻ mặt đang chăm chú quan sát. Xung quanh là những núi đồi hoang vu trên nền đất màu đỏ gạch, phía xa là bầu trời màu thiên thanh. Chiếc nón có gắn thêm lông đỏ đại diện cho sự linh hoạt trong suy nghĩ. Trên áo của người này có họa tiết của Salamander, linh hồn và cũng thời là sinh vật bảo trợ của lửa. Nó thường sinh sống tại các miệng núi lửa.

Biểu tượng: nam trẻ trung nón bê rê trắng, tóc xoăn, áo choàng vàng, áo trắng có hoa văn bò sát, quần cam, giầy bốt cao có tua rua, cầm gậy.

Knight Of Wands

Hình ảnh tiêu biểu của lá bài thường là một người đàn ông trẻ tay cầm một cây gậy, quay về phía trái. Ông cưỡi con ngựa đang phi nước đại về phía trước, vượt qua núi và các kim tự tháp. Vẻ mặt của ông không mang thông điệp hiếu chiến.

Biểu tượng: nam quân nhân, quần áo đính kim loại, áo màu vàng có hoa văn bò sát, tua rua đỏ, tóc hung, bao tay đỏ, cầm gậy, đi ngựa.

Queen Of Wands

Lá bài diễn tả hình ảnh một người phụ nữ vận áo vàng, một tay cầm gậy một tay cầm hoa hướng dương. Bà đang ngồi trên chiếc ngai được chạm khắc những biểu tượng về sư tử, hoa hướng dương. Bên dưới chân bà là một con mèo đen. Những màu sắc rực rỡ, hoa hướng dương đại diện cho tính cách nồng nhiệt, sự sáng tạo cũng như sự ấm áp. Biểu tượng mèo đen lại là một biểu tượng cổ xưa của nữ tính. Biểu tượng sư tử đại diện cho sức mạnh lẫn tham vọng, vừa đồng thời liên hệ với cảm giác và xúc cảm.

Biểu tượng: nữ áo váy vàng, áo choàng tím, đội mũ kim loại, cần gậy hay cành hoa, có mèo hay vật nuôi.

King Of Wands

Là bài mô tả hình ảnh một người đàn ông đang cầm một cây gậy đang ra lá trên tay. Ông ngồi trên vương tọa có chạm khắc hình ảnh sư tử, và con thằn lằn lửa đang cắn đuôi của mình. Mái tóc đỏ cùng với tấm áo đỏ thể hiện sự hướng ngoại, nhiệt tình, năng động trong tính cách của ông. Vương miện trên đầu ông có hình dạng tựa như những ngọn lửa. Con thằn lằn cắn vào đuôi mình đại diện cho Salamander, linh hồn của lửa. Hình ảnh cắn đuôi thể hiện sự luân chuyển không ngừng trong tâm trí người đàn ông này.

Biểu tượng: nam già tuổi áo cam đỏ, giầy xanh lá, áo choàng trắng vàng nhạt, có hoa văn bò sát, mũ trắng kim loại, đeo chuỗi cổ, khăn viền cổ màu xanh lá, biểu tượng bò sát, sư tử.

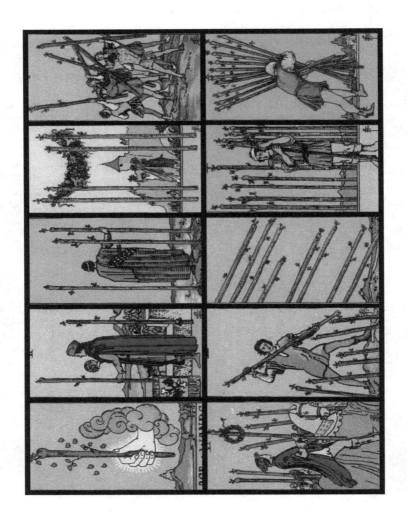

ẨN PHỤ (MINOR ARCANA) – BỘ CỐC (CUP SUIT)

Ace Of Cup

Lá bài thể hiện hình ảnh một bàn tay của thiên thần từ trong mây đưa ra đang nâng lấy cái cúp. Con chim bồ câu đang ngậm đồng xu có hình chữ thập hướng xuống chiếc cốc. Từ trong cốc có năm dòng nước chảy ngược ra ngoài. Bên dưới là hồ nước với hoa sen đang nở. Lá bài đại diện cho sự khởi đầu của tình cảm, cảm xúc.

Biểu tượng: da trắng bệch, tay áo trắng, cầm cốc, phụ kiện hình chim, chữ thập, đồng xu, cốc, chuông li la, hoa sen hay súng, mây, chữ M.

Two Of Cups

Lá bài mô tả hình ảnh một người con trai trẻ cùng với một người trinh nữ đang trao cho nhau hai chiếc cúp. Treo lờ lững giữa không trung là cây trượng có hai con rắn của thần Hermes (Caduceus of Hermes), song ở giữa lại là một cái đầu của con sư tử màu đỏ có hai cánh. Đằng xa là ngôi nhà ẩn khuất sau những hàng cây xanh tươi. Hình ảnh con sư tử nằm trên cây gậy đôi khi còn gợi đến hình ảnh của vị thánh Aion.

Biểu tượng: người nam áo vàng đốm đen hoặc đỏ, quần vàng, giầy cam, tóc đội vòng hoa đỏ, áo trong trắng; người nữ áo trong trắng, váy trắng, giầy đỏ, áo khoát xanh lam, đầu đội vòng hoa cỏ, biểu tượng phụ kiện caduceus, sư tử có cánh.

Three Of Cups

Hình ảnh tiêu biểu của lá bài thường là sự chúc tụng trong buổi tiệc. Mỗi người tham gia buổi tiệc trong sự hứng khởi vì hoàn thành vấn đề. Thường là hình ảnh ba người khác nhau, trong ba bộ đồ khác nhau cùng vui vẻ đại diện cho ba yếu tố.

Biểu tượng: đều là nữ, mặc áo váy xám, tóc trang trí hoa; mặc áo hồng đỏ, áo choàng cam, giầy vàng, tóc trang trí hoa; mặc áo váy trắng, áo ngoài vàng nhạt, tóc trang trí hoa; phụ kiện hình trái cây và rau củ.

Four of cups

Lá bài thường miêu tả hình ảnh một chàng trai trẻ đang ngồi tựa vào gốc cây lớn trên triền đồi. Hai tay chàng khoanh lại, trước mặt là một bàn tay từ trong đám mây đang đưa lại cho chàng một chiếc cúp. Xa hơn một chút, là ba chiếc cúp đang xếp thành hàng. Hình ảnh lá bài làm ta gợi nhớ đến hình ảnh những vị ẩn sĩ.

Biểu tượng: nam tóc đen, áo đỏ, khoác áo xanh lá, quần xanh dương, giầy đỏ; phụ kiện hình bàn tay, cây cổ thụ.

Five Of Cups

Lá bài thường một khung cảnh u ám, có người đàn ông đang che khuất gần hết mặt mình trong tấm áo choàng màu đen. Bên dưới chân người này là ba chiếc cúp đã đổ, chỉ còn lại hai chiếc. Trước mặt ông là một con sông ngăn cách ông với tòa lâu đài phía trước. Con cầu bắt ngang dòng sông tượng trưng cho lối thoát cho những đau khổ của người đàn ông để bắt đầu tiếp chặn đường.

Biểu tượng: nam tóc hoa râm, áo đen choàng cả thân, giầy vàng đất; phụ kiện biểu tượng tòa tháp và cây cầu.

Six Of Cups

Hình ảnh tiêu biểu của lá bài thường là hình ảnh bé gái quay mặt về phía phải, trong một khu vườn cũ, đầy hồi ức. Các cốc được xếp đầy hoa đẹp như những hồi niệm đẹp của quá khứ. Em bé nhìn vừa hạnh phúc vừa tiếc nuối những cái đã qua.

Biểu tượng: là trẻ em hay thiếu niên; nam áo xanh, có mũ trùm đầu màu đỏ, quần đỏ, giầy cam; nữ áo vàng đốm đen, váy xanh lam, giầy đỏ, mũ trùm đầu cam, tóc vàng; phụ kiện biểu tượng hoa ly ly, tháp, phù điêu; tòa nhà.

Seven Of Cups

Lá bài diễn tả hình ảnh một người đàn ông đang đứng trước bảy chiếc cốc trôi nổi trước mặt mình. Mỗi chiếc cốc đều chứa đựng mỗi thứ khác nhau. Chúng có thể đại diện cho thành công, danh vọng, sự hiểm độc, giả trá, nguy hiểm ..v.v. Và quan trọng hơn, người đàn ông vẫn chưa rõ phía sau những chiếc cốc là điều gì đang chờ đợi vì có một màn sương mù đang che khuất mọi thứ. Màn sương này chính sự mơ mộng, huyễn hoặc đang phủ lên tâm trí của người đàn ông.

Biểu tượng: người đàn ông mặc áo đen, tóc đen ngắn; phụ kiện có biểu tượng medusa, khăn trùm trắng, con rắn, tòa tháp, châu báu, vòng nguyệt quế, con rồng.

Eight Of Cups

Hình ảnh tiêu biểu của lá bài thường là một người đàn ông chán nản, thối lui từ bỏ tám chiếc cốc đang ở sau lưng mình để tiến về phía sa mạc và núi. Dáng điệu riệu rã, mệt mỏi chứng tỏ ông đã cố gắng hết sức trong thời gian trước, nhưng không đạt được kết quả gì.

Biểu tượng: nam già mặc áo đỏ, quần vàng,

giầy đỏ; phụ kiện biểu tượng mặt trăng, đồi núi, dòng sông.

Nine Of Cups

Lá bài một tả hình ảnh một người đàn ông béo tốt đang ngồi khoan tay trên một cái ghế gỗ hình chữ nhật. Sau lưng ông là một cái bàn lớn hình bán nguyệt được phủ bởi một tấm vải màu xanh thẫm. Trên đó là những chiếc cốc lớn. Trang phục của ông cho thấy đây là một người thành công, hạnh phúc, sung túc. Chiếc nón màu đỏ tượng trưng dục vọng, tham lam đang tiềm tàng bên trong của người đàn ông này. Chín chiếc cốc, nằm sau lưng ông ta nhưng ông ta xoay lưng lại, và không hề chọn lựa bất cứ chiếc nào.

Biểu tượng: nam da ửng đỏ, áo trắng sọc trùm chân, quần đỏ, giầy cam đất, nón vải đỏ, có lông vũ.

Ten Of Cups

Lá bài được diễn tả bằng nhiều màu sắc tươi sáng. Trong đó có hình ảnh một đôi vợ chồng đang ôm nhau cùng nhìn ngắm về phía trước. Bên cạnh là hình ảnh một đôi trẻ nhỏ còn mải mê nhảy múa vui chơi. Đằng xa xa là ngôi nhà, tượng trưng cho những thành quả, sự bảo vệ dành cho con người. Những đứa trẻ đại diện cho lời thề nguyện, tinh thần, sự khởi đầu mới. Cầu vồng đại diện cho một dấu hiện thiêng liêng, điềm báo may mắn trong nhiều tôn giáo trên thế giới.

Biểu tượng: có thể là cả gia đình; nam áo cam sọc vàng, quần xanh lam, giầy vàng viền đỏ; nữ váy xanh lam xen đỏ vang; trẻ em mặc áo cam vàng, quần vàng, giầy cam hoặc áo váy xanh lam, giầy đỏ.

Page Of Cups

Hình ảnh tiêu biểu của lá bài thường là một chàng trai trẻ đang ngắm nhìn một con cá trong cái cốc nước phía tay phải. Vẻ mặt của chàng trai vừa yêu thích vừa ý đồ. Tư thế của chàng trai không vững chắc, và đầy tự mãn.

Biểu tượng: áo xanh dương, nón xanh dương, áo trong màu đỏ hồng, quần đỏ hồng, giầy bot cao màu cam, áo có hoạt tiết bông sen hay súng; phụ kiện biểu tượng con cá, sóng nước.

Knight Of Cups

Lá bài mô tả một chàng hiệp sĩ đang cưỡi con ngựa trắng chậm rãi bước tới. Trên đầu chàng đội chiếc mũ kim loại, và dưới chân mang đôi giày kim loại, điểm giống nhau ở đây là điều có biểu tượng đôi cách, một tượng trưng của thần Hermes. Trên áo chàng là hình ảnh những con cá màu đỏ, trước mặt chàng là một dòng sông nhỏ đang uốn khúc chảy. Xa xa hơn nữa, là những đồi núi trập trùng tiếp nối nhau, tất cả chúng đều có màu đỏ thẫm.

Biểu tượng: nam mặc binh phụ lính; áo giáp hoặc đính kim loại, mũ kim loại, đi ngựa trắng, áo có hoa văn hình con cá; phụ kiện biểu tượng cánh chim, con cá, sóng nước.

Queen Of Cups

Lá bài thường được miêu tả với hình ảnh một người phụ nữ trưởng thành đang ngồi mơ màng bên cạnh bờ biển. Tay phải đang nâng chiếc cốc với hình dáng lạ thường với hình ảnh của hai thiên thần, một cách nhẹ nhàng. Tay trái lại chạm nhẹ vào chiếc cốc. Trên đầu của bà đội một chiếc vương miện màu vàng, được chạm khắc tinh tế. Trên ngai thiêng bằng đá, được chạm khắc những hình ảnh của các vị tiên biển - Siren, những tạo vật quyến rũ, nguy hiểm trong thần thoại. Dưới chân bà, là những viên đá sặc sỡ đầy sắc màu. Xa xa là mỏm núi đá nhô ra gần biển khơi.

Biểu tượng: nữ áo trắng váy trắng, áo choàng trắng sọc lam, đội nón kim loại vàng trắng, giầy màu lam; biểu tượng phụ kiện có con sò, đứa trẻ thân cá, cầm tháp xông trầm.

King Of Cups

Hình ảnh tiêu biểu của lá bài thường là người vị vua ngồi trên ngai vàng trên biển. Tay cầm vương trượng, tay kia cầm cốc nước. Mặt hướng về phía phải, sắc sảo và suy tính. Sau lưng là hình ảnh con tàu rượt đuổi cùng cá heo. Lá bài lấy ý tưởng về sự trách nhiệm, sự ràng buộc chặt chẽ giữa cá nhân, hoặc sự phụ thuộc, yêu sách. Lá bài đặc trưng riêng về những cá nhân liên quan đến khoa học và các ngành kỹ thuật.

Biểu tượng: nam già áo xanh lam, áo choàng vàng có viền đỏ, cổ đeo dây chuyền vàng, mũ vải nhung đội màu đỏ vàng, tóc giả, giầy da vảy động vật; phụ kiện biểu tượng quyền trượng, sóng nước, thuyền.

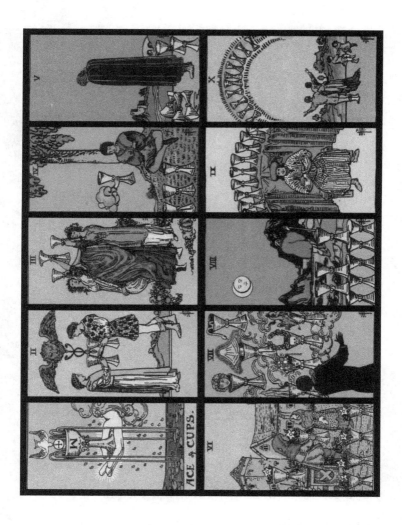

ẨN PHỤ (MINOR ARCANA) – BỘ TIỀN (PENTACLE SUIT)

Ace Of Pentacle

Lá bài mô tả hình ảnh một bàn tay lớn từ trong đám mây đang đưa ra, nâng đồng tiền lớn trên đó có khắc biểu tượng của ngôi sao năm cánh (một số quan niệm cho rằng đây là một cái đĩa kim loại, hay một chiếc bùa sử dụng trong giả kim, hoặc môn huyền học khác). Bên dưới là một khu vườn có rất nhiều hoa lily trắng, xung quanh là một hàng rào được trồng bằng hoa hồng đỏ, có một chiếc cổng vòm dẫn về phía xa xa có những núi đồi trùng điệp nhấp nhô.

Biểu tượng: da trắng bệch; phụ kiện biểu tượng đồng xu, mây, hoa ly ly, hoa hồng.

Two Of Pentacles

Lá bài mô tả hình ảnh một người đàn ông trẻ đang giữa hai đồng tiền trong tay tạo nên hình ảnh của biểu tượng vô cực đang luân chuyển theo hai đồng tiền trên tay của ông. Tuy nhiên, người đàn ông đang ở trong trạng thái bấp bênh, không hề vững vàng. Phía sau lưng, là biển cả đang nổi sóng. Con thuyền ngoài xa đang nhấp nhô theo từng đợt sóng dữ.

Biểu tượng: chàng trai áo cam nhạt áo trong và quần màu cam, dây thắt lưng đỏ, giầy xanh lá, nón vải đỏ, dãy lụa xanh lá; phụ kiện biểu tượng con thuyền, sóng nước.

Three Of Pentacles

Hình ảnh tiêu biểu của lá bài thường là hình ảnh một nhóm bao gồm một người mang hình ảnh kiến trúc sư hoặc thợ nề, còn lại là các quý tộc và giới tu sĩ đang chiêm ngắm và bàn thảo kế hoạch. Hình ảnh cổng vòm hoặc công trình gợi ý đến một công việc khó khăn, và người thợ đạt đến trình độ thạo việc.

Biểu tượng: người nam trẻ, áo công nhân hoặc thủ công, màu tím, áo trong trắng, quần lam, giầy tím; người nam già, đầu hói, áo choàng trắng, giầy trắng; người nữ áo choàng đầu màu vàng đốm đỏ; giầy hồng.

Four Of Pentacles

Lá bài thường được diễn tả với hình ảnh một người đàn ông đang ngồi trên một chiếc ngai bằng đá, tượng trưng cho vị trí, thành quả hiện tại. Và ông ta ngồi xoay lưng lại với thành phố phía sau. Bốn đồng tiền, một trên vương miện, một được ôm trong lòng, hai ở bên dưới chân. Thần sắc trên khuôn mặt ông diễn tả, dường như ông cho đây là tất cả những gì mình có.

Tấm áo màu tím sẫm trên người biểu trưng cho một niềm tin sâu sắc vào điều ông đang tin. Thành phố sau lưng, đại diện cho năng lượng, tư tưởng, sự bảo vệ, di sản thừa kế.

Biểu tượng: nam già áo đỏ tím sẫm, choàng màu đen, quần viền lam, giầy cam; phụ kiện biểu tượng thành phố.

Five Of Pentacles

Hình ảnh tiêu biểu của lá bài thường là hình ảnh hai hay ba người đi trong thời tuyết, áo quần sộc sệch, cùng khổ. Các nhân vật thường diễn tả thành một gia đình thiếu thốn đang cần sự giúp đỡ. Nhà Tư Tưởng thường có vẻ mặt đau khổ, chán chường và mệt mỏi.

Biểu tượng: người nam bị băng bó đầu và chân, mang nạng, áo xanh lam, áo trong màu lục vàng, quần màu xanh sọc đen; người nữ chân không, áo choàng màu cam đốm trắng, áo trong màu xanh lam, váy màu xanh lá chấm bi đen; phụ kiện biểu tượng nhà thờ, cây sự sống, hoa hồng, trang sức bằng kính màu.

Six Of Pentacles

Lá bài diễn tả hình ảnh một người thương nhân giàu có, khoát trên mình một tấm áo màu đỏ. Trong tay là một chiếc cân vàng, một tay còn lại ông đang phân phát tiền bạc cho những người bần cùng, khốn khó. Hình ảnh bàn tay gợi nhớ đến ý nghĩa của sức mạnh, sự bảo vệ, còn chiếc cân lại nhắc đến sự cân bằng.

Biểu tượng: người ở vị trí cao cấp hơn là nam, mặc áo xanh sọc trắng, áo choàng đỏ tươi, khăn quàng cổ và nón màu đỏ vang, thắt lưng màu đỏ, giầy bót cao màu vàng; người ở vị trí hạ tiện, người nam trung niêm, đầu mang băng màu nâu đất, áo choàng vàng rách vá; người

nam trẻ tuổi, áo choàng màu lam rách vá; phụ
kiện biểu tượng cây cân.

Seven Of Pentacles

Lá bài thường được diễn tả với hình ảnh một
chàng nông dân trẻ đang cầm chiếc cuốc. Anh
ta đã trải qua một thời gian lao động vất vả, và
giờ đang nhìn ngắm thành quả của bản thân,
đồng thời chờ đợi ngày thu hoạch. Bụi cây xanh
tươi, với những đồng tiền, đại diện cho những
thành công về khía cạnh vật chất.

Biểu tượng: nam tóc đen, áo màu cam, áo trong
và quần màu xanh dương, giầy hai đôi hai màu
khác nhau; phụ kiện biểu tượng cây cuốc hay
xẻng, cây nho, lá nho.

Eight Of Pentacles

Hình ảnh tiêu biểu của lá bài thường là một
người thợ thủ công đang ngồi chế tác đá. Vẻ

mặt trầm tĩnh, nhẫn nại và cẩn thận. Ông làm việc từng chút một cách kỹ lưỡng và tinh tế. Người kinh doanh cần đến sự tinh tế, tham vọng và sự nhẫn nại, nó đề cập đến cả sự khôn ngoan, xảo quyệt và các mưu đồ lớn.

Biểu tượng: người nam áo thợ thủ công, tạp đề màu đen, áo màu xanh lá, thắt lưng màu trắng, quần màu đỏ, giầy màu đỏ vang, tóc màu hung; phụ kiện biểu tượng cây búa, đồng xu, khúc gỗ.

Nine Of Pentacles

Lá bài thường được mô tả với hình ảnh một người phụ nữ cao sang đi dạo trong vườn nho trù phú của mình. Trên người cô vận y phục thướt tha, trong tay cô có một con chim ưng đang đội chiếc mũ trùm đầu. Dưới chân của cô là một con ốc sên đang bò quanh. Những hình ảnh này diễn tả về sự tự chủ tài chính, sung túc, thỏa mãn bản thân.

Biểu tượng: người nữ, áo vàng có hoa văn hoa lá, áo có viền cổ và tay áo màu đỏ vang, tóc cài dây vải màu đỏ, tay mang găng trắng; phụ kiện biểu tượng mặt mạ, quả nho, cây nho.

Ten Of Pentacles

Lá bài diễn tả về hình ảnh một cụ già đáng kính đang ngồi nghỉ ngơi sau cánh cổng tò vò. Ở phía sau, là hình ảnh những người thành niên trong gia đình, trong tay đang dẫn một em bé. Trên tay người đàn ông cầm chiếc cuốc, người phụ nữ cầm chiếc khiên hình như một đồng tiền lớn. Hai con chó trung thành đang làm bạn với cụ già. Trên mình ông khoát chiếc áo choàng được thiêu dệt bằng những biểu tượng huyền bí, đại diện cho tri thức uyên thâm.

Biểu tượng: thành viên gia đình; người nam già tóc bạc, áo hoa văn cây cỏ; người nam trẻ áo cam, áo khoác màu xanh lam; người nữ trẻ, áo màu đỏ; trẻ em áo màu xanh lam, giầy trắng; có vật nuôi; phụ kiện biểu tượng thành phố, cán cân, chó, dây nho, vũ khí, tòa tháp.

Page Of Pentacles

Hình ảnh tiêu biểu của lá bài thường là một người đàn ông trẻ nhìn vào một đồng xu hay cái đĩa vàng nằm ở hai tay về phía trái. Đôi mắt chăm chú nhìn vào đồng tiền như đang suy ngẫm điều gì đó. Gương mặt xúc động lẫn ngạc nhiên, như thể đồng tiền không phải của anh ta, tức đến bất ngờ, không dự định hay báo trước, những phần tiền từ trên trời rơi xuống.

Biểu tượng: nam trẻ tuổi, tóc đen, nón vải đỏ, choàng cổ đỏ, áo xanh lá, quần màu nâu đất, giầy và áo trong màu nâu đất, đeo lắc màu trắng, thắt lưng màu nâu; phụ kiện đồng tiền, hoa cỏ màu đỏ và vàng, rừng cây.

Knight of Pentacles

Lá bài diễn tả hình ảnh một người kị sĩ đang cưỡi trên một con ngựa đen. Trên tay ông một đồng tiền lớn, hình ảnh kị sĩ trong lá bài đang đứng yên, nhìn ngắm về phía cánh đồng đã được lên luống mới. Tấm vải màu đỏ đại diện cho tinh thần, nội tâm bên trong của ông. Con ngựa mà ông đang cưỡi được liên kết với yếu tố lửa, sức mạnh, nhiệt huyết. Những cành lá xanh trên mũ của ông, cũng như trên đầu con ngựa cho thấy về sự quan tâm yêu thương, nhân từ bác ái với người khác.

Biểu tượng: nam mặc áo nhà binh, giáp màu lam, áo choàng đỏ, găng tay cam, nón kim loại có trang trí cây cỏ, đi ngựa đen; phụ kiện biểu tượng đồng tiền, cành cây.

Queen Of Pentacles

Lá bài thường miêu tả một người phụ nữ lớn tuổi đang ngồi bình lặng trên chiếc ngai bằng đá. Một nửa mặt bà bị bóng tối che khuất, bàn tay bà đang ôm một đồng tiền lớn. Trên ngai đá chạm khắc những thiên thần, hoa quả, và chiếc đầu dê tượng trưng cho cung Ma Kết. Những hoa cỏ sinh sôi nảy nở xung quanh bà. Con thỏ màu đỏ chạy ngang qua tượng trưng cho sự dịu dàng, khả năng sinh sản, dẻo dai, nhanh nhạy, màu đỏ đại diện cho nguồn năng dồi dào.

Biểu tượng: người nữ áo trắng xếp li, áo ngoài đỏ, áo choàng màu lục có sọc, nón vải màu vàng, giầy đỏ, nuôi vật nuôi thỏ; phụ kiện biểu tượng đầu dê, thiên thần, hoa quả.

King Of Pentacles

Hình ảnh tiêu biểu của lá bài thường là một người đàn ông có khuôn mặt tối, mặt đăm chiêu do dự. Ông ngồi trên ngai vàng có biểu tượng con bò, tay cầm một đĩa hay đồng tiền vàng cùng sự toan tính chủ đích về tài sản, khôn ngoan khi tính toán nhưng đôi khi quá đà trở thành sự tham lam và xấu xa.

Biểu tượng: người nam già, khăn choàng đỏ, áo đen hoa văn dây và chùm nho, giầy kim loại, nón kim loại có hoa văn hóa lá; phụ kiện biểu tượng hoa lá cỏ và dây leo, con cừu, tháp và lâu đài.

ẨN PHỤ (MINOR ARCANA) – BỘ KIẾM (SWORD SUIT)

Ace Of Sword

Lá bài thường được miêu tả với hình ảnh bàn tay của một thiên thần đưa ra nắm lấy thanh kiếm thánh, trên đó có những nhánh cây cùng với một chiếc vương miệng bằng vàng.Những đồi núi xa xa có màu xám xịt. Những ánh vàng đang rơi có hình dạng giống kí tự Yoh trong cổ ngữ Do Thái, sáu cánh vàng rơi tượng trưng cho sáu ngày sáng tạo thế giới trong sáng thế ký.

Biểu tượng: da trắng bệch; phụ kiện biểu tượng mây, kiếm, cây trường xuân, cây cọ.

Two Of Swords

Lá bài thường được miêu tả với hình ảnh một

người phụ nữ mặt áo trắng, đang ngồi trên bệ đá xoay lưng lại với biển cả phía sau. Hai tay cô đặt chéo hai thanh gươm dài ngang với vai. Trên mặt cô, hai mắt được bít bằng một tấm vải trắng. Nếu như gươm đại diện cho lý trí, suy nghĩ, thì mặt nước đằng sau lưng cô đại diện cho nội tâm sâu thẳm, các dải đá nhấp nhô tượng trưng cho những vấn đề mà cô gái đang phải đối mặt để đưa ra quyết định.

Biểu tượng: người nữ bịt mắt, y phục trắng, giầy vàng nhạt; phụ kiện biểu tượng kiếm, mặt trăng, hồ nước, thủy sinh.

Three Of Swords

Hình ảnh tiêu biểu của lá bài thường là một trái tim bị đâm xuyên bởi ba cây kiếm. Đây có thể nói là hình ảnh biểu tượng duy nhất của bộ bài. Lá này có nội dung chính là sự phân chia, tha hóa về tinh thần, sự rối loạn hay mất mát của tâm hồn.

Biểu tượng: phụ kiện trái tim đỏ, kiếm, mây, mưa.

Four Of Swords

Lá bài thường được miêu tả với hình ảnh của một hầm mộ châu âu cổ xưa. Trong đó có một pho tượng của một kị sĩ được tạc trên quan quách của ông. Bức tượng nằm trong tư thế nhắm mắt và đang cầu nguyện. Trên tường có treo ba thanh gươm, bên vách áo quan đá là một thanh gươm nữa. Trên cửa ô là một bức tranh bằng kính màu vẽ về đề tài trong kinh thánh về Đức Mẹ, hoặc một vị thánh mẫu và một đứa trẻ.

Biểu tượng: phụ kiện biểu tượng quan tài, kiếm, trang sức kính màu.

Five Of Swords

Hình ảnh tiêu biểu của lá bài thường là hình ảnh ba người đàn ông, một người nhìn theo hai người khác với dáng vẻ khinh bỉ. Hai người khác này đang rút lui và điệu bộ chán nản. Hai thanh kiếm của hai người này nằm vất vưởng trên mặt đất. Người đàn ông vác hai cây kiếm trên vai, một cây cầm trong tay, mũi kiếm chĩa xuống đất.

Biểu tượng: người nam tóc hung, áo ngoài màu xanh lá, áo trong màu đỏ, quần đỏ, giầy cam; người nam đầu hói, áo cam sáng, áo trong màu lục, quần màu cam, giầy màu trắng; phụ kiện biểu tượng gió, hồ nước, kiếm.

Six Of Swords

Lá bài thường được miêu tả với hình ảnh một người lái đò đang chở hai mẹ con trên con đò có cắm sáu thanh gươm. Người phụ nữ trùm kín mình để che dấu sự sầu khổ của bản thân.

Chiếc đò đi dọc con sông, bên tay chèo thuyền sóng cuồn cuộn, bên kia lại phẳng lặng. Những điều này thể hiện phản ứng của nội tâm bên trong khi những sự kiện mang tính chất của lá bài xảy đến. Mặt khác, con sông được thể hiện trong lá bài là con sông Styx, ranh giới giữa trần gian và âm phủ trong thần thoại Hi Lạp.

Biểu tượng: người nam áo màu cam, áo trong màu lam, quần màu lục, giầy màu nâu; người nữ áo choàng nâu; trẻ em áo màu tím; phụ kiện biểu tượng dòng sông, con thuyền, kiếm.

Seven Of Swords

Hình ảnh tiêu biểu của lá bài thường là hình ảnh một người cầm năm cây kiếm trên tay, phía xa còn hai cây kiếm nữa, gần đó là một doanh trại. Người cầm kiếm dáng vẻ vội vàng hấp tấp, ngoái nhìn lại phía sau. Hai cây kiếm bỏ lại có thể do người vác kiếm không đủ khả năng hoặc không đủ thời gian để lấy toàn bộ.

Biểu tượng: người nam nón chụp kiểu hồi màu đỏ, tóc đen, áo màu nâu nhạt đốm nâu đậm, quần lam, giầy có viền lông màu đỏ; phụ kiện biểu tượng túp lều, kiếm.

Eight Of Swords

Lá bài thường được miêu tả với hình ảnh một người con gái bị bịt mắt đang đứng yên giữa những thanh kiếm cắm xung quanh. Màu áo của cô có màu đỏ cam, ứng với cung song tử. Còn màu những thanh kiếm màu xanh lam, cùng với màu nước ứng với sao mộc. Trong sách của mình, Waite cũng hàm ý tình cảnh mà cô gái đang phải chịu đựng chỉ là tạm thời, chứ không phải sự trói buộc vĩnh cửu. Ngọn đồi màu xám tro, có tòa lâu đài mái đỏ tượng trưng cho những vấn đề thực tế mà cô gái trong lá bài cần phải đối mặt.

Biểu tượng: người phụ nữ bịt mắt, y phục màu cam, tóc đen, dây lụa màu trắng; phụ kiện biểu tượng lâu đài, kiếm.

Nine Of Swords

Lá bài thường được miêu tả với hình ảnh một người phụ nữ đang bưng mặt khóc thảm thương. Chín thanh gươm đại diện cho sự phiền não, tuyệt vọng chắn ngang bên trong thẻ bài. Trên tấm chăn người phụ nữ đang đắp có những ô vuông hệt như một ma phương có các ô mang hình hoa hồng đỏ, một biểu tượng của hội thập tự hồng hoa, mặt khác lại mang tính tượng trưng cho lý trí trong giả kim học. Bên cạnh đó là các biểu tượng về các hành tinh, cung hoàng đạo trong chiêm tinh.

Biểu tượng: áo trắng, tóc trắng bạc; phụ kiện biểu tượng hoa hồng, cung hoàng đạo, người đấu kiếm, kiếm, giường.

Ten Of Swords

Hình ảnh tiêu biểu của lá bài thường là hình ảnh một người nằm sấp, bị đâm từ sau lưng bởi 10 thanh kiếm. Đây là hình ảnh chết chóc không thường thấy ở bộ bài. Dù vậy, lá bài không ám chỉ sự bội phản hay đâm sau lưng, mà chỉ đại diện chung cho sự đau khổ tột độ, phiền não và những lợi ích tạm thời, không vĩnh viễn và sớm mất đi.

Biểu tượng: người nam tóc hung, áo màu cam nhạt, áo trong màu tím, áo choàng màu đỏ; phụ kiện biểu tượng núi, hồ nước, kiếm.

Page Of Swords

Lá bài thường được miêu tả một người đàn ông trẻ đang đứng trên một mỏm đất, đang cầm thanh gươm đưa về phía bên phải. Đây là lá bài tương ứng với tính chất nguyên tố khí, vì vậy những hoạt cảnh đều tập trung diễn tả về tính chất của nguyên tố khí như những đám mây đang trôi, hay đàn chim mười con đang bay, cho đến mái tóc của người này đều đang có sự dịch chuyển theo hướng thổi của gió.

Biểu tượng: người nam tóc dài, da đỏ hung, áo màu tím hồng, quần vàng, giầy bot màu đỏ, áo trong màu vàng; phụ kiện biểu tượng cánh chim, mây, núi.

Knight Of Swords

Lá bài thường được một tả với hình ảnh một vị kỵ sĩ, cưỡi ngựa trắng, thân mặc áo choàng đỏ. Chàng đang giương cao thanh gươm, để lao vào một trận chiến phía trước để hủy diệt quân thù. Trên thân ngựa, các vật dụng đi kèm có kết hợp với hình ảnh của các loài chim cũng như bướm, thường đại diện cho nguyên tố khí, đồng thời thể hiện ý tưởng khao khát tự do. Màu trắng của ngựa, màu đỏ của áo choàng thể hiện ra hai mặt tính cách đối lập của chàng kỵ sĩ, nhiệt tình thông minh nhưng lại thiếu kiên định. Trong hoạt cảnh, chàng kỵ sĩ đang lao ngược với cơn gió đang thổi để tiến thẳng về phía trước.

Biểu tượng: áo binh lính, áo choàng đỏ, mũ kim loại có lông vũ, áo có hoa văn cánh bướm, ngựa màu trắng; phụ kiện biểu tượng gió, cây, bướm, kiếm, chim.

Queen Of Swords

Hình ảnh tiêu biểu của lá bài thường là một nữ hoàng ngồi nhìn về phía tay phải. Tay cầm một thanh kiếm dựng thẳng lên trời. Vẻ mặt nghiêm nghị, khắc khổ, và thoáng buồn. Nỗi buồn này không phải là nỗi buồn tức thời mà là sự rèn dũa từ rất nhiều nỗi buồn theo thời gian. Nỗi buồn này không còn sự xót thương hay đau đớn mà trở nên trầm tư hà khắc.

Biểu tượng: người nữ tóc dài, da đỏ hung, nón kim loại hình bướm, áo choàng xanh lam hoa văn hình mây, áo trong trắng tay dài, cổ tay có viền lục lạc, giầy đỏ; phụ kiện biểu tượng cánh chim, thiên thần, cánh bướm, kiếm.

King Of Swords

Lá bài thường được miêu tả với hình ảnh một người đàn ông quyết đoán đang ngồi trên chiếc ngai báu được chạm trổ những biểu tượng liên quan đến trí tuệ, công lý.Thanh gươm đưa lên cao thể hiện sự nghiêm khắc, quả quyết của ông. Nhưng chiếc vương miện lại có hình ảnh một thiên thần nhỏ thể hiện sự ái từ sâu thẳm bên trong của ông.

Biểu tượng: người nam có trùm đầu màu đỏ, nón nhỉ có hình thiên thần, áo xanh lam, áo trong màu đỏ, áo khoác ngoài màu tím, giầy đỏ, tay có đeo nhẫn; phụ kiện biểu tượng cánh bướm, cây cối, cánh chim, mây, nữ thần gió.

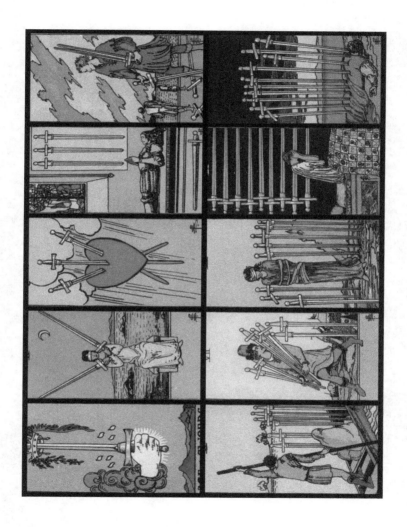

Trải Bài Sử Dụng

Phương pháp này nên được sử dụng lồng ghép trong trải bài cụ thể nào đó, hoặc kiểu tự do. Phương pháp chỉ nên sử dụng 1 lá bài cho trải bài riêng lẻ. Việc sử dụng nhiều lá bài có thể gây chồng chéo và lộn xộn cho việc giải đoán.

CHƯƠNG V

PHƯƠNG PHÁP NHÂN DẠNG THEO CUNG HOÀNG ĐẠO

Một cách khác để truy vấn Tarot về nhân dạng chính là thông qua 12 cung hoàng đạo của lá bài đó. Điểm thú vị nhất của phương pháp này chính là sự tương thích khá lớn giữa tính cách biểu hiện trên lá bài và tính cách thực của nhân dạng ngành nghề. Lý do là các hoạ sĩ minh hoạ thường dựa trên những mô tả gốc, vốn xây dựng dựa trên nền tảng của chiêm tinh. Vì vậy, đây là phương pháp khả dĩ rất phù hợp với Tarot, so với MBTI khi dựa trên các nguyên mẫu, ít nhiều khác biệt so với các minh hoạ lá bài dựa trên huyền học.

Điểm phức tạp của phương pháp này là sự tương ứng của chiêm tinh và tarot tương đối phức tạp. Trong bài viết Chiêm Tinh Học và Tarot của Philippe Ngo, đã nêu lên hơn 20 phương pháp tương ứng để cấu thành. Ở bài này, tôi chỉ sử dụng mẫu một phương pháp tương ứng duy nhất để minh hoạ, các phương pháp khác hoàn toàn có thể tự xây dựng tương tự.

Tarot	Hoàng Đạo
The Fool	Gemini
The Magician	Cancer
The High Priestess	Scorpio

The Empress	Aquarius
The Emperor	Aries
The Hierophant	Taurus
The Lovers	Gemini
The Chariot	Cancer
The Strength	Leo
The Hermit	Virgo
The Wheel of Fortune	Earth
The Justice	Libra
The Hanged Man	Pisces
The Death	Scorpio
The Temperance	Sagittarius
The Devil	Capricorn
The Tower	Aries
The Star	Aquarius
The Moon	Pisces
The Sun	Leo
The Judgement	Sagittarius

The World	Libra*
Ace of Wands	Aries, Leo, Sagittarius
2 of Wands	Aries
3 of Wands	Aries
4 of Wands	Aries
5 of Wands	Leo
6 of Wands	Leo
7 of Wands	Leo
8 of Wands	Sagittarius
9 of Wands	Sagittarius
10 of Wands	Sagittarius
Page of Wands	Cancer, Leo, Virgo
Knight of Wands	Sagittarius
Queen of Wands	Aries
King of Wands	Leo
Ace of Pentacles	Taurus, Virgo, Capricorn
2 of Pentacles	Capricorn
3 of Pentacles	Capricorn

4 of Pentacles	Capricorn
5 of Pentacles	Taurus
6 of Pentacles	Taurus
7 of Pentacles	Taurus
8 of Pentacles	Virgo
9 of Pentacles	Virgo
10 of Pentacles	Virgo
Page of Pentacles	Aries, Taurus, Gemini
Knight of Pentacles	Virgo
Queen of Pentacles	Capricorn
King of Pentacles	Taurus
Ace of Swords	Gemini, Libra, Aquarius
2 of Swords	Libra
3 of Swords	Libra
4 of Swords	Libra
5 of Swords	Aquarius
6 of Swords	Aquarius
7 of Swords	Aquarius

8 of Swords	Gemini
9 of Swords	Gemini
10 of Swords	Gemini
Page of Swords	Capricorn, Aquarius, Pisces
Knight of Swords	Gemini
Queen of Swords	Libra
King of Swords	Aquarius
Ace of Cups	Cancer, Scorpio, Pisces
2 of Cups	Cancer
3 of Cups	Cancer
4 of Cups	Cancer
5 of Cups	Scorpio
6 of Cups	Scorpio
7 of Cups	Scorpio
8 of Cups	Pisces
9 of Cups	Pisces
10 of Cups	Pisces
Page of Cups	Libra, Scorpio, Sagittarius

Knight of Cups	Pisces
Queen of Cups	Cancer
King of Cups	Scorpio

Dựa vào bản bên trên, các bạn có thể tra cứu sự tương ứng giữa lá bài và 12 cung hoàng đạo. Sau đó, các bạn có thể tra cứu các nghề nghiệp tương ứng với 12 cung hoàng đạo ở bên dưới. Chú ý, tất cả những nghề nghiệp này đều có tương quan và sai khác giữa các quan điểm chính thống/phi chính thống trong cung hoàng đạo. Đây chỉ là một quan điểm tương đối phổ biến, các bạn có thể thay thế/sửa đổi theo quan điểm gần nhất với quan điểm của các bạn.

Bạch Dương là dấu hiệu bắt đầu trong các cung hoàng đạo. Có một lý do nó được đại diện bởi một con dê - Bạch Dương là vì sự mạnh mẽ (ý chí mạnh mẽ), sôi động, nhiệt tình, và cạnh tranh của nó. Do sự dũng cảm (và bốc đồng), cung này là những anh hùng của cuộc sống thực: sĩ quan cảnh sát và nhân viên cứu hỏa chẳng hạn. Họ cũng có tài quảng bá tuyệt vời và có thể tìm thấy nhiều trong thế giới quảng cáo và quan hệ công chúng. Công việc tốt nhất: doanh nhân, quân nhân, công nhân cứu hộ; làm việc tốt trong các lĩnh vực thông cáo chính phủ (đại diện, phát ngôn viên) và chính trị, truyền hình, và giải trí.

Kim Ngưu thích nhất là sự ổn định. Cung này sẽ làm việc rất chăm chỉ để đảm bảo tốt nhất lợi ích của họ như thời gian nghỉ hè, tiền lương, việc làm. Quyết tâm, kiên nhẫn, trung thực, và có phương pháp, họ đều là thành viên hoạt động nhóm hiệu quả và cực kỳ đáng tin cậy. Cung này thích cái đẹp và thích làm việc với những bông hoa, thực phẩm, đồ trang sức, và các mặt hàng xa xỉ. Họ cũng nổi tiếng trong các vấn đề cần sự rõ ràng, cần tiếng nói mạnh mẽ uy lực như một thông báo viên, loa công cộng, hoặc nhân viên tiếp tân. Công việc tốt nhất: kế toán, giáo dục, kỹ sư, luật sư, nhà thiết kế, làm vườn, đầu bếp, trang trí kim hoàn, thợ trang trí nội thất.

Song tử là những người cần có sự kích thích trí tuệ. Họ cần phải hoạt động trong môi trường có rất nhiều biến cố xảy ra và nhịp độ nhanh, áp lực môi trường khắc nghiệt. Họ sẽ không thể tồn tại lâu dài làm công việc buồn tẻ hoặc lặp đi lặp lại. Công việc đòi hỏi việc đi du lịch là hoàn hảo, cũng như những công việc đòi hỏi kết nối mạng xã hội. Lạc quan và tràn đầy năng lượng, cung này cần được khuyến khích để cho đi và thể hiện bản thân hơn là bị giới hạn quy định truyền thống. Công việc tốt nhất: môi giới chứng khoán, tổng đài, hỗ trợ kỹ thuật, giáo viên, kiến trúc sư, nhà điều hành máy, nhân viên cứu hộ.

Cự giải được xem là mẹ của các cung hoàng đạo (Capricorn là người cha), do đó, những loại nghề nghiệp cần sự nhạy cảm như những ngành liên quan nuôi dưỡng hay chăm sóc là thế mạnh của cung này. Tuy nhiên, điều này không ám chỉ riêng là làm việc với trẻ em hoặc con chó; Cự giải có thể làm giám đốc điều hành tuyệt vời, giống như một người mẹ làm việc đa nhiệm với những người chịu trách nhiệm. Cự giải thường đưa ra lời khuyên tuyệt vời và biết bảo vệ cấp dưới. Họ xử lý trách nhiệm một cách dễ dàng và là người giải quyết vấn đề với giàu trí tưởng tượng. Công việc tốt nhất: làm vườn, nhân viên xã hội, giữ trẻ, nguồn nhân lực, luật sư, giáo viên, Giám đốc điều hành, người lính.

Sư Tử là những kẻ đầy cảm hứng, và độc lập, Sư Tử làm việc tốt nhất khi họ đang ở trong ánh đèn sân khấu và tình yêu công việc đó phải mang lại vị thế và quyền lực. Họ có thể là cao ngạo, hay tách bầy và gây rối cho một môi trường đồng đội, nhưng sự quyến rũ trong cảm hứng của họ thường thắng tất cả mọi người vào những lúc cuối cùng. Không chịu được quản lý, Sư Tử có tính tự phát và sự khéo léo và làm tốt khi khuyến khích dẫn thay vì buộc phải làm theo người khác. Công việc tốt nhất: Giám đốc điều hành, biểu diễn, hướng dẫn du lịch, đại lý bất động sản, trang trí nội thất, thiết kế thời trang, chính phủ, nhân viên bán hàng.

Xử Nữ được biết đến với sự cầu toàn của mình và làm rất tốt trong các nghề nghiệp chi tiết theo định hướng. Họ có tư duy trừu tượng, rất gọn gàng và ngăn nắp. Nhiều Xử Nữ làm tốt các nghành nghề phục vụ con người - ví dụ như bạn sẽ rất hài lòng với một thợ làm móng tay. Văn bản dài, nghiên cứu con số và xác suất thống kê đều dễ dàng với bộ não tỉ mỉ của họ.

Họ cũng khá dễ dàng , thân thiệt, nói chung là rất vui vẻ. Nhiều Xử Nữ có một sở trường riêng về việc thực hành các ngôn ngữ. Công việc tốt nhất: biên tập viên /nhà văn, nhà giáo, nhà phê bình, kỹ thuật viên, phiên dịch, thám tử, thống kê.

Thiên Bình đặc trưng bởi sự quyến rũ, duyên dáng và bản chất giải trí. Bản chất hợp tác của họ làm cho họ trở thành đại sứ tuyệt vời và dễ dàng đứng vào đội ngũ lãnh đạo. Nếu bạn đã từng phải đối phó với dịch vụ khách hàng qua điện thoại, bạn sẽ hiểu vì sao nhà điều hành nên là một Thiên Bình. Họ phát triển mạnh trong môi trường xã hội. Nhiều thiên bình rất hút hồn về nghệ thuật và nhiều khả năng sẽ là ca sĩ chính của một ban nhạc, tương tác với khán giả, chứ không phải là một nhạc sĩ ẩn nấp đâu đó. Công việc tốt nhất: ngoại giao, vũ công, nhân viên bán hàng, máy chủ, đàm phán, đại lý du lịch, giám sát.

Hổ Cáp có thể ngăn chặn mọi phiền nhiễu trước khi nó đến, vô cùng tập trung và cực kỳ chuyên tâm trong công việc. Họ tò mò và thường được nhận ra nhanh chóng các bí mật, vì thế bạn sẽ không bao giờ muốn để bị kiểm tra hoặc thẩm vấn bởi một Hổ Cáp cả. Họ không chỉ đáng sợ, nhưng cũng rất trực quan. Hổ cáp cũng được rút ra để các bất thường và họ muốn biết những gì làm cho mọi thứ đánh dấu. Chỉ cần không di chuột xung quanh họ, họ cần độc lập của mình và tin tưởng sử dụng lao động của họ. Công việc tốt nhất: thám tử, luật sư, nhà giáo dục, nhà khoa học, bác sĩ phẫu thuật, nhà vật lý.

Nhân Mã là một người đạo đức, đầy năng lượng. Họ là thường ra quyết định đúng đắn và là các ông chủ rất công bằng và cởi mở. Nhiều

Nhân Mã coi trọng tinh thần, mà có thể hoàn thành tốt các sự nghiệp liên quan đến môi trường, động vật, tư vấn tâm lý, cũng như tôn giáo. Họ cũng thích đi du lịch và ở ngoài trời. Thường sống cộng đồng và vui vẻ. Họ là đồng nghiệp đáng yêu và dí dỏm có thể xoa dịu những tình huống căng thẳng bằng sự hài hước và khéo léo. Họ sẽ không bị trói buộc hay bận tâm với những chi tiết nhỏ nhặt của đời sống. Thói quen giết chết tinh thần cởi mở của họ. Công việc tốt nhất: Bộ trưởng, huấn luyện viên động vật, biên tập viên, quan hệ công chúng, huấn luyện viên, và bất cứ ngành nghề nào liên quan du lịch.

Ma Kết là rất tham vọng và cần những thách thức để được hạnh phúc. Ma kết luôn xác định được mục tiêu cụ thể và phấn đấu liên tục, họ sẽ làm những gì bất cứ điều gì để đạt mục đích. Hầu hết họ thường là rất trách nhiệm và lương tâm; nhưng cũng thường đòi hỏi hưởng nhiều quyền lực. Họ chặt chẽ trong thi hành các quy định và giữ cho tất cả mọi người tuân thủ lịch hoạt động. Nếu bạn cần một người quản trị và quản lý chính xác các tiêu chuẩn, không ai vượt qua được Ma Kết. Họ cũng có xu hướng nghiện việc. Công việc tốt nhất: quản lý, quản trị viên, biên tập viên, nhân viên ngân hàng, IT, và bất cứ điều gì liên quan đến khoa học.

Bảo Bình đặc trưng là bản chất nhân đạo của họ, nó cũng là tại sao họ là phù phiếm trong các vấn đề của trái tim, nhưng đó là một câu chuyện khác. Họ thích khám phá những ý tưởng tiên phong và có một bản chất tò mò và mạo hiểm. Họ là những người dễ để có một công việc khác thường, thậm chí có thể một trong những định của họ. Họ sẽ nổi loạn chống lại môi trường doanh nghiệp, cần tự do tư tưởng và phong trào. Họ sẽ không hài lòng làm những việc giống như cách họ đã luôn luôn được thực hiện. Nếu bạn cần một cách tiếp cận mới, một Bảo Bình sẽ không cho phép bạn xuống. Công việc tốt nhất: nhà khoa học (nếu họ có thể khám phá những lý thuyết mới), nhà phát minh, nông dân hữu cơ, phi công, nhà thiết kế, nhạc sĩ.

Song Ngư là dấu hiệu của sáng tạo và đam mê. Họ xuất sắc trong nghệ thuật truyền thống (âm nhạc, múa, nhiếp ảnh). Song ngư cũng là những kẻ nhìn cuộc sống rất trực quan. Nếu stylist của bạn là một Song Ngư, cô ấy sẽ không chỉ cung cấp cho bạn một mái tóc hiện đại và độc đáo; cô cũng sẽ cung cấp cho bạn những kiểu tóc phù hợp với bạn nhất. Nhiều nhà chiêm tinh và các nhà Taroter là Song Ngư. Trực giác của họ cũng giúp trong các lĩnh vực đòi hỏi phải có lòng bác ái. Công việc tốt nhất: nghệ sĩ, y tá, bác sĩ trị liệu vật lý, nhà từ thiện, bác sĩ thú y, nhà tâm lý học.

Đối với bộ Marseille hay trường phái Pháp-Ý, chúng ta chỉ sử dụng 22 lá Major mà thôi. Trong đó, chúng ta có thể theo một trong 2 phái Volguine hoặc Muchery.

Bảng tham chiếu của Volguine

Lá Bài	Hoàng Đạo
The Magician	Leo
The High Priestess	Cancer
The Empress	Gemini
The Emperor	Taurus
The Hierophant	Sagittarius
The Lovers	Virgo
The Chariot	Libra
Strengh	Scorpio
The Hermit	Sagittarius
Wheel of fortune	Scorpio
Justice	Aries
The Hanged man	Pisces

Death	Aquarius
Temperance	Capricorn
The Devil	Libra
The Tower	Taurus
The Star	Gemini
The Moon	Cancer
The Sun	Leo
The Judgement	Virgo
The World	Cancer
The Sun	Leo

Volguine: tên đầy đủ là Alexandre Volguine, có lẽ là nhà chiêm tinh học điển hình nhất của Pháp trong thế kỷ 20. Ông được sinh ra ở Nga, nơi đã ảnh hưởng mạnh đến nền học vấn chiêm tinh của ông. Sự kiện nổi tiếng nhất và cũng là công đóng góp lớn nhất của ông đối với lịch sử chiêm tinh là vào năm 1938, tạp chí uy tín về chiêm tinh học đầu tiên đã ra đời với tên "Les Cahiers Astrologiques" mà ông vừa là sáng lập, vừa là chủ bút đến cuối cuộc đời. Dù các nguyên lý huyền học của ông được đánh giá là rắc rối và nhiều mâu thuẫn khi cố gắng giải trích toàn bộ những nghịch lý trong chiêm tinh thông qua các nền văn hóa khác nhau như Hebrew, Arabic, Hindu, và tiền-Columbian. Ông đặt biệt cống hiến trong các nguyên lý tăng và giảm tác động của biểu đồ chiêm tinh (Astrology Chart) khi các hành tinh tương tác với các cung sao và cuối cùng, cũng là quan trọng nhất trong sự nghiệp của ông: đề xuất phương pháp tính chính xác các nhân tố tác động trong chiêm tinh, điều mà trước đó chưa từng có ai nghĩ đến. Nguyên lý này được biết đến với tên "theory of encadrement" hay "planetary containment", được ông trình bày trong cuốn The Ruler Of The Nativity.

Bảng tham chiếu của Muchery

Tarot	Hoàng Đạo
The Magician	Leo
The High Priestess	Cancer
The Empress	Gemini
The Emperor	Taurus
The Hierophant	Sagittarius
The Lovers	Virgo
The Chariot	Libra
Strengh	Scorpio
The Hermit	Sagittarius
Wheel of fortune	Scorpio
Justice	Aries
The Hanged man	Pisces
Death	Aquarius
Temperance	Capricorn
The Devil	Libra
The Tower	Taurus
The Star	Gemini
The Moon	Cancer

The Sun	Leo
The Judgement	Virgo
The World	Leo
The Sun	Cancer

Muchery: Tên thật là Georges Muchery, sinh năm 1892 mất 1981. Ông là nhà văn, nhà báo, nhà chiêm tinh học, và nhà "xem bàn tay" (chiromancie) nổi tiếng của Pháp. Ông được hướng dẫn huyền học thông qua giáo sư dạy toán của ông. Người ta không biết nhiều về đời tư của ông, trừ những hoạt động rộng rãi trong giới khoa học và sân khấu, khi ông được mời nghiên cứu và xem bói bàn tay cho rất nhiều nhân vật lúc bấy giờ, nhiều người vừa là bạn vừa là khách hàng của ông như giáo sư Charles Henry (Viện trưởng viện Vật Lý Cảm Giác - laboratoire de Physiologie des Sensations), giáo sư Charles Richet, nhà kịch nghệ Douglas Fairbanks, nhà vật lý Édouard Branly. Phần liên quan astrology này được trích từ cuốn "Le Tarot divinatoire – méthode complète d'Astromancie" của ông.

Đối với những người sử dụng tham chiếu của Golden Dawn, ta cũng có bản tương ứng sau đây, dựa trên Book T (mở rộng) của Mathers.

Bảng tham chiếu của Book T (mở rộng)

Tarot	Hoàng Đạo
The Fool	Gemini
The Magician	Cancer
The High Priestess	Scorpio
The Empress	Aquarius
The Emperor	Aries
The Hierophant	Taurus
The Lovers	Gemini
The Chariot	Cancer
The Strength	Leo
The Hermit	Virgo

The Wheel of Fortune	Earth
The Justice	Libra
The Hanged Man	Pisces
The Death	Scorpio
The Temperance	Sagittarius
The Devil	Capricorn
The Tower	Aries
The Star	Aquarius
The Moon	Pisces
The Sun	Leo
The Judgement	Sagittarius
The World	Libra*
Ace of Wands	Aries, Leo, Sagittarius
2 of Wands	Aries
3 of Wands	Aries
4 of Wands	Aries
5 of Wands	Leo
6 of Wands	Leo
7 of Wands	Leo

8 of Wands	Sagittarius
9 of Wands	Sagittarius
10 of Wands	Sagittarius
Page of Wands	Cancer, Leo, Virgo
Knight of Wands	Sagittarius
Queen of Wands	Aries
King of Wands	Leo
Ace of Pentacles	Taurus, Virgo, Capricorn
2 of Pentacles	Capricorn
3 of Pentacles	Capricorn
4 of Pentacles	Capricorn
5 of Pentacles	Taurus
6 of Pentacles	Taurus
7 of Pentacles	Taurus
8 of Pentacles	Virgo
9 of Pentacles	Virgo
10 of Pentacles	Virgo
Page of Pentacles	Aries, Taurus, Gemini
Knight of Pentacles	Virgo

Queen of Pentacles	Capricorn
King of Pentacles	Taurus
Ace of Swords	Gemini, Libra, Aquarius
2 of Swords	Libra
3 of Swords	Libra
4 of Swords	Libra
5 of Swords	Aquarius
6 of Swords	Aquarius
7 of Swords	Aquarius
8 of Swords	Gemini
9 of Swords	Gemini
10 of Swords	Gemini
Page of Swords	Capricorn, Aquarius, Pisces
Knight of Swords	Gemini
Queen of Swords	Libra
King of Swords	Aquarius
Ace of Cups	Cancer, Scorpio, Pisces
2 of Cups	Cancer
3 of Cups	Cancer

4 of Cups	Cancer
5 of Cups	Scorpio
6 of Cups	Scorpio
7 of Cups	Scorpio
8 of Cups	Pisces
9 of Cups	Pisces
10 of Cups	Pisces
Page of Cups	Libra, Scorpio, Sagittarius
Knight of Cups	Pisces
Queen of Cups	Cancer
King of Cups	Scorpio

CHƯƠNG VI

PHƯƠNG PHÁP NHÂN DẠNG THEO HÀNH TINH

Trong phương pháp chiêm tinh, ngoài cách truy vấn thông qua 12 cung hoàng đạo của lá bài thì ta còn có cách truy vấn thông qua các hành tinh. Giống với phương pháp chiêm tinh dựa trên 12 cung hoàng đạo, điểm thú vị nhất của phương pháp này chính là sự tương thích khá lớn giữa tính cách biểu hiện trên lá bài và tính cách thực của ngành nghề. Điểm yếu của phương pháp này so với phương pháp chiêm tinh thông qua 12 cung hoàng đạo chính là sự kém chi tiết. Về nguyên lý, phương pháp này vẫn bám sát ý nghĩa của 12 cung hoàng đạo: sự tương ứng thực ra dựa vào hành tinh chủ quản của hoàng đạo để suy ra.

Ngoài việc sử dụng phương pháp trực tiếp như trên, một số nhà lý luận sử dụng dựa trên hình thức hành tinh rơi vào nhà số 10, chủ quản của nghề nghiệp. Một cách khác cũng được nhắc đến, đó là sử dụng duy nhất Mặt Trời (Sun) rơi vào từng cung để dự đoán ... Các phương pháp này, tương đối khác biệt và phi chính thống, không bàn đến trong bài này.

Điểm phức tạp của phương pháp này là sự tương ứng của chiêm tinh và tarot tương đối phức tạp. Trong bài viết Chiêm Tinh Học và Tarot của Philippe Ngo, đã nêu lên hơn 20 phương pháp tương ứng để cấu thành. Ở bài này, tôi sẽ sử dụng hai phương pháp tương ứng khác nhau để minh hoạ: một là phương pháp dùng 10 hành tinh và một phương pháp dùng 7 hành tinh, các phương pháp khác hoàn toàn có thể tự xây dựng tương tự.

Phương Pháp I: Hệ Thống 7 Hành Tinh Cổ Điển dựa trên Book T (Hệ Anh-Mỹ) và Marseille/Etteilla

Đối với hệ 7 hành tinh cổ điển, chúng ta có khá nhiều chọn lựa. Tôi chỉ đưa ra ở đây hai mô hình: một dành cho các bộ hệ Anh-Mỹ theo ảnh hưởng của Golden Dawn và một dành cho các bộ hệ Pháp -Ý theo ảnh hưởng của Marseille, cụ thể là trường phái của Etteilla.

Hệ thống bên dưới này được sử dụng trong các bộ bài thuộc phân hệ Waite/Marseille/Mathers, dưới nguyên lý của Book T. Một số vị trí bị khuyết hành tinh được bổ sung mở rộng dựa trên Book T (Bảng tương ứng của Leroux).

Tarot	Hành Tinh
The Fool	Venus
The Magician	Mercury
The High Priestess	Moon
The Empress	Venus
The Emperor	Sun
The Hierophant	Jupiter
The Lovers	Saturn
The Chariot	Moon
The Strength	Mars
The Hermit	Jupiter
The Wheel of Fortune	Jupiter
The Justice	Venus
The Hanged Man	Mercury
The Death	Mercury
The Temperance	Sun
The Devil	Jupiter

The Tower	Mars
The Star	Saturn
The Moon	Moon
The Sun	Sun
The Judgement	Mars
The World	Saturn
Ace of Wands	Sun, Mars
2 of Wands	Mars
3 of Wands	Sun
4 of Wands	Venus
5 of Wands	Saturn
6 of Wands	Jupiter
7 of Wands	Mars
8 of Wands	Mercury
9 of Wands	Moon
10 of Wands	Saturn
Page of Wands	Cancer, Leo, Virgo
Knight of Wands	Sagittarius

Queen of Wands	Aries
King of Wands	Leo
Ace of Pentacles	Jupiter, Earth
2 of Pentacles	Jupiter
3 of Pentacles	Mars
4 of Pentacles	Sun
5 of Pentacles	Mercury
6 of Pentacles	Moon
7 of Pentacles	Saturn
8 of Pentacles	Sun
9 of Pentacles	Venus
10 of Pentacles	Mercury
Page of Pentacles	Aries, Taurus, Gemini
Knight of Pentacles	Virgo
Queen of Pentacles	Capricorn
King of Pentacles	Taurus
Ace of Swords	Venus, Saturn
2 of Swords	Moon

3 of Swords	Saturn
4 of Swords	Jupiter
5 of Swords	Venus
6 of Swords	Mercury
7 of Swords	Moon
8 of Swords	Jupiter
9 of Swords	Mars
10 of Swords	Sun
Page of Swords	Capricorn, Aquarius, Pisces
Knight of Swords	Gemini
Queen of Swords	Libra
King of Swords	Aquarius
Ace of Cups	Moon, Mercury
2 of Cups	Venus
3 of Cups	Mercury
4 of Cups	Moon
5 of Cups	Mars
6 of Cups	Sun

7 of Cups	Venus
8 of Cups	Saturn
9 of Cups	Jupiter
10 of Cups	Mars
Page of Cups	Libra, Scorpio, Sagittarius
Knight of Cups	Pisces
Queen of Cups	Cancer
King of Cups	Scorpio

Dựa vào bản bên trên, các bạn có thể tra cứu sự tương ứng giữa lá bài và các hành tinh. Sau đó, các bạn có thể tra cứu các nghề nghiệp tương ứng với các hành tinh ở bên dưới. Tôi tạm sử dụng hệ thống tương ứng nghề nghiệp và hành tinh trên trang astrology.com. Các bạn có thể tìm thấy sự tương ứng này ở nhiều trang và sách khác.

- **Sao Hoả (Mars):** Xây dựng dân dụng, người lính, quân đội, săn bắn, xiếc, luật sư, đại sứ, đại lý bất động sản, gián điệp và công ty xấu xa, dịch vụ vũ trang, các kỹ sư điện, hàng thịt, năng lượng nguyên tử, dịch vụ bưu chính, khoán, vv

- **Sao Kim (Venus):** nghệ thuật, âm nhạc và giải trí, kim hoàn, khách sạn, nhà quán rượu, nhà hàng, đua ngựa, nước hoa, nấu ăn, làm thuốc.

- **Sao Thuỷ (Mercury):** nhân viên bán hàng, giáo viên, nhà hùng biện, thủ quỹ, nhà thơ, biên tập viên, máy in, nhà xuất bản, dịch vụ văn phòng, kiểm toán, đại lý bảo hiểm, bộ phận bưu điện, vv.

- **Mặt Trăng (Moon):** nghề liên quan du lịch, thủy thủ, y tá, nữ hộ sinh, dệt may, hải quân, khách sạn, may mặc, thủy lợi và phúc lợi của phụ nữ.

- **Mặt Trời (Sun):** người nắm quyền lực và uy quyền, vị trí của chính phủ, hoàng gia, quan tòa, y tế, công tác hành chính, kiểm toán và kế toán.

- **Sao Mộc (Jupiter):** thương mại, dịch vụ chính phủ, luật pháp, tôn giáo, cho vay tiền, chiêm tinh học, doanh thu, thẩm phán, các học giả, tác giả, chính trị.

- **Sao Thổ (Saturn):** đánh bắt, nuôi trồng, dịch vụ y tế, bảo hiểm, khai thác mỏ, xăng dầu, sắt thép, các chương trình phát triển cộng đồng, lao động, tinh thần, công trình nghiên cứu, khoa học huyền bí, da, thiên văn học, mỏ, vv.

Phương Pháp II: Hệ Thống 10 Hành Tinh Hiện Đại dựa trên Book of Thoth của Crowley/Heidrick/Achad trong OTO.

Hệ thống 10 hành tinh thích hợp cho các bộ bài thuộc phân hệ Crowley/Heidrick/Achad thuộc trường phái của OTO (Hội Đền Thánh Phương Đông).

Chú ý là trong hệ thống này, không phải tất cả các lá bài đều được gán hành tinh gốc. Một số vị trí chứa cung được diễn dịch ngược lại qua tương ứng sao-cung thống trị (domicile) như bên dưới đây.

Hành Tinh	Cung
Mars	Aries
Venus	Taurus
Mercury	Gemini

Moon	Cancer
Sun	Leo
Mercury	Virgo
Venus	Libra
Pluto	Scorpio
Jupiter	Sagittarius
Saturn	Capricorn
Uranus	Aquarius
Neptune	Pisces

Các bản sau đây dựa trên tương ứng của Heidrick đề xuất. Trước hết là Major Arcana:

Tarot	Hành Tinh
The Magician	*Mercury*
The High Priestess	*Moon*
The Empress	*Venus*
The Emperor	Mars
The Hierophant	Venus

The Lovers	Mercury
The Chariot	Moon
Strengh	Sun
The Hermit	Mercury
Wheel of fortune	*Jupiter*
Justice	Venus
The Hanged man	*Neptune*
Death	Pluto
Temperance	Jupiter
The Devil	Saturn
The Tower	*Mars*
The Star	Uranus
The Moon	Neptune
The Sun	*Sun*
The Judgement	*Pluto*
The World	*Saturn*
The Fool	*Uranus*

Bảng tra của Minor Arcana tại đây:

Tarot	Hành Tinh
Ace of Wand	Sun, Jupiter
2 of Wand	Mars
3 of Wand	Venus
4 of Wand	Mercury
5 of Wand	Mars
6 of Wand	Venus
7 of Wand	Mercury
8 of Wand	Mars
9 of Wand	Venus
10 of Wand	Mercury
Ace of Cup	Mars, Venus, Moon
2 of Cup	Saturn
3 of Cup	Saturn,
4 of Cup	Jupiter, Neptune
5 of Cup	Saturn
6 of Cup	Saturn,
7 of Cup	Jupiter, Neptune

8 of Cup	Saturn
9 of Cup	Saturn,
10 of Cup	Jupiter, Neptune
Ace of Sword	Saturn, Mercury
2 of Sword	Venus
3 of Sword	Mars, Pluto
4 of Sword	Jupiter
5 of Sword	Venus
6 of Sword	Mars, Pluto
7 of Sword	Jupiter
8 of Sword	Venus
9 of Sword	Mars, Pluto
10 of Sword	Jupiter
Ace of Disk	Venus, Moon
2 of Disk	Moon
3 of Disk	Sun
4 of Disk	Mercury
5 of Disk	Moon

6 of Disk	Sun
7 of Disk	Mercury
8 of Disk	Moon
9 of Disk	Sun
10 of Disk	Mercury

Còn đây là bảng tra cứu của Court Cards:

Tarot	Hành Tinh	
Page of Wands	Moon	Sun, Mercury
Knight of Wands	Pluto	Jupiter
Queen of Wands	Neptune	Mars
King of Wands	Moon	Sun
Page of Pentacles	Mars	Venus, Mercury
Knight of Pentacles	Sun	Mercury
Queen of Pentacles	Jupiter	Saturn
King of Pentacles	Mars	Venus
Page of Swords	Saturn	Uranus, Neptune
Knight of Swords	Venus	Mercury

Queen of Swords	Mercury	Venus
King of Swords	Saturn	Uranus
Page of Cups	Venus	Jupiter, Saturn
Knight of Cups	Uranus	Neptune
Queen of Cups	Mercury	Moon
King of Cups	Venus	Pluto

Dựa vào bản trên đây, các bạn có thể tra cứu sự tương ứng giữa lá bài và các hành tinh. Sau đó, các bạn có thể tra cứu các nghề nghiệp tương ứng với các hành tinh ở bên dưới. Tôi tạm sử dụng hệ thống tương ứng nghề nghiệp và hành tinh trong Modern Vedicastrology. Các bạn có thể tìm thấy sự tương ứng này ở nhiều trang và sách khác.

- **Mặt trời (Sun):** chính quyền, các chính trị gia, các nhà khoa học, các nhà lãnh đạo, giám đốc, nhân viên chính phủ, các bác sĩ, thợ kim hoàn.

- **Mặt trăng (Moon):** điều dưỡng, công chúng, phụ nữ, trẻ em, đi du lịch, hàng hải, đầu bếp, nhà hàng, nhập khẩu /xuất khẩu.

- **Sao Hỏa (Mars):** khai thác năng lượng, kim loại, chế tạo vũ khí, xây dựng, chiến sĩ, cảnh sát, bác sĩ phẫu thuật, kỹ sư.

- **Sao Thủy (Mercury):** trí tuệ, văn bản, giảng dạy, hàng hóa, thư ký, kế toán viên, biên tập viên, giao thông vận tải, các nhà chiêm tinh.

- **Sao Mộc (Jupiter):** tài chính, luật sư, kho bạc, các học giả, các linh mục, các chính trị gia, nhà quảng cáo, nhà tâm lý học, nhân đạo.

- **Sao Kim (Venus):** quản trị các ngành nghề liên quan thoả mãn thú vui, khu vui chơi, mặt hàng xa xỉ, làm đẹp, nghệ thuật, âm nhạc, ngành công nghiệp giải trí, công nghiệp tình dục, nhà hàng khách sạn.

- **Sao Thổ (Saturn):** chăm sóc người già, dịch vụ liên quan đến cái chết như mai táng hay y tế, kinh doanh bất động sản, lao động, nông nghiệp, xây dựng các ngành nghề, khai thác mỏ, nhà sư.

- **Sao Thiên Vương (Uranus):** các nhà khoa học, nhà phát minh, điện toán, chiêm tinh, kỹ thuật viên phòng thí nghiệm, thiết bị điện tử.

- **Sao Hải Vương (Neptune):** nhiếp ảnh, phim, hàng hải, dầu mỏ, dược phẩm, tâm linh, nhà thơ.

- **Sao Diêm Vương (Pluto):** nghiên cứu, điều tra, bảo hiểm, cái chết, công nghệ liên quan đến tuổi thọ, hoạt động gián điệp.

Phương Pháp III: Hệ Thống Cổ Điển Pháp Dựa Trên Nhà 10 của Chiêm Tinh (House 10) trong lý luận của Thierens/Hazel/Etteilla/Leroux

Các hành tinh trong một văn bản trung cổ.

Hệ thống dựa trên nhà 10 trên cấu trúc chiêm tinh có thể tham chiếu đến 2 lý luận chủ chút trong tarot: phân nghĩa theo chuyển dịch các nhà của Thierens và Hazel, hoặc chuyển dịch theo sao và cung của Etteilla và Leroux. Tuỳ thuộc vào giá trị hành tinh của lá bài, chúng ta có thể diễn dịch ra ý nghĩa nhà 10 của lá bài đó, và suy ra nghề nghiệp tương ứng. Ở đây, tôi chỉ trích ra bản tương ứng của Leroux (bao gồm chỉ 7 hành tinh). Trường hợp Long Vĩ, Long Thủ (còn gọi là La Hầu, Kế Đô) dành cho những bạn sử dụng hệ thống của Etteilla. Các bạn có thể áp dụng tương tự cho bản tham chiếu của Thierens và Hazel. Để đơn giản tôi chỉ đưa ra duy nhất một bảng tương ứng để tra cứu. Những trường phái khác, các bạn có thể tìm thêm.

Bảng dưới đây là bản tương ứng của Leroux, mở rộng từ Book T:

Tarot	Hành Tinh
The Fool	Venus
The Magician	Mercury
The High Priestess	Moon
The Empress	Venus
The Emperor	Sun
The Hierophant	Jupiter
The Lovers	Saturn
The Chariot	Moon
The Strength	Mars
The Hermit	Jupiter
The Wheel of Fortune	Jupiter
The Justice	Venus
The Hanged Man	Mercury
The Death	Mercury
The Temperance	Sun
The Devil	Jupiter

The Tower	Mars
The Star	Saturn
The Moon	Moon
The Sun	Sun
The Judgement	Mars
The World	Saturn
Ace of Wands	Sun, Mars
2 of Wands	Mars
3 of Wands	Sun
4 of Wands	Venus
5 of Wands	Saturn
6 of Wands	Jupiter
7 of Wands	Mars
8 of Wands	Mercury
9 of Wands	Moon
10 of Wands	Saturn
Page of Wands	Cancer, Leo, Virgo
Knight of Wands	Sagittarius

Queen of Wands	Aries
King of Wands	Leo
Ace of Pentacles	Jupiter, Earth
2 of Pentacles	Jupiter
3 of Pentacles	Mars
4 of Pentacles	Sun
5 of Pentacles	Mercury
6 of Pentacles	Moon
7 of Pentacles	Saturn
8 of Pentacles	Sun
9 of Pentacles	Venus
10 of Pentacles	Mercury
Page of Pentacles	Aries, Taurus, Gemini
Knight of Pentacles	Virgo
Queen of Pentacles	Capricorn
King of Pentacles	Taurus
Ace of Swords	Venus, Saturn
2 of Swords	Moon

3 of Swords	Saturn
4 of Swords	Jupiter
5 of Swords	Venus
6 of Swords	Mercury
7 of Swords	Moon
8 of Swords	Jupiter
9 of Swords	Mars
10 of Swords	Sun
Page of Swords	Capricorn, Aquarius, Pisces
Knight of Swords	Gemini
Queen of Swords	Libra
King of Swords	Aquarius
Ace of Cups	Moon, Mercury
2 of Cups	Venus
3 of Cups	Mercury
4 of Cups	Moon
5 of Cups	Mars
6 of Cups	Sun

7 of Cups	Venus
8 of Cups	Saturn
9 of Cups	Jupiter
10 of Cups	Mars
Page of Cups	Libra, Scorpio, Sagittarius
Knight of Cups	Pisces
Queen of Cups	Cancer
King of Cups	Scorpio

Bảng phụ dưới đây, dành cho những bạn sử dụng trường phái Etteilla của Pháp, trong đó Head of the Dragon, Tail of the Dragon chính là vị trí Long Thủ, Long Vĩ:

Tarot	Chiêm Tinh
Ace of Wand	Sun
2 of Wand	Mercury
3 of Wand	Venus
4 of Wand	Moon

5 of Wand	Mars
6 of Wand	Jupiter
7 of Wand	Saturn
8 of Wand	Head of the Dragon
9 of Wand	Tail of the Dragon
10 of Wand	Part of Fortune
Ace of Cup	Sun
2 of Cup	Mercury
3 of Cup	Venus
4 of Cup	Moon
5 of Cup	Mars
6 of Cup	Jupiter
7 of Cup	Saturn
8 of Cup	Head of the Dragon
9 of Cup	Tail of the Dragon
10 of Cup	Part of Fortune
Ace of Sword	Sun
2 of Sword	Mercury

3 of Sword	Venus
4 of Sword	Moon
5 of Sword	Mars
6 of Sword	Jupiter
7 of Sword	Saturn
8 of Sword	Head of the Dragon
9 of Sword	Tail of the Dragon
10 of Sword	Part of Fortune
Ace of Disk	Sun
2 of Disk	Mercury
3 of Disk	Venus
4 of Disk	Moon
5 of Disk	Mars
6 of Disk	Jupiter
7 of Disk	Saturn
8 of Disk	Head of the Dragon
9 of Disk	Tail of the Dragon
10 of Disk	Part of Fortune

Bảng giải nghĩa bên dưới đây, được lấy từ luận giải trên Astromandir.

- Mặt Trời trong nhà 10: Cán bộ Chính phủ và người lao động, đại lý trong các loại đá quý, bán đá quý, đại lý trong gỗ và da, công nhân trong bạc hà, sĩ quan hành chính và các bộ trưởng.

- Mặt Trăng trong nhà 10: Thủy thủ và navalmen, kinh doanh các sản phẩm biển, thủy sản, kinh doanh vận tải đường thủy thông qua, công chức giúp việc và y tá.

- Hoả Tinh trong nhà 10: Các đại lý trong vòng tay và vũ khí, sản xuất các hoá chất và các chất nổ, cảnh sát, quân đội, nhân viên an ninh, bác sĩ phẫu thuật, các đại lý trong thuốc súng và pháo hoa, người lao động sử dụng công cụ sắc bén và nhọn, thể thao, hàng thịt.

- Thuỷ Tinh trong nhà 10: Kế toán, thủ quỹ, ngân hàng liên quan đến việc làm, tác giả, thư ký, nhân viên đánh máy, các nhà chiêm tinh, nhà thơ, nhà thiên văn học, giáo viên và giảng viên, chủ sở hữu máy in, giao dịch tài chính, các nhà thầu, giám sát, bưu tá, công việc liên quan công nghệ thông tin, máy tính.

- Mộc Tinh trong nhà 10: Nhà tư tưởng, triết học, thạc sĩ tại khoa học và scriputres, tiên kiến relegious và tiên tri, tu sĩ, giáo sư, minsters, giáo sĩ

- Kim Tinh trong nhà 10: Trang phục và đồ trang trí các đại lý, mỹ phẩm, diễn viên, diễn giả, chủ sở hữu khách sạn, kinh doanh thực phẩm, người đàn ông tại các quán bar, nhà thiết kế, người mẫu, người bán đá quý, bán bánh kẹo, đại lý ô tô và xe...

- Thổ Tinh trong nhà 10: Đại lý dầu, rượu mạnh, rượu vang và rượu, các nhà sản xuất giày, đại lý trong gỗ và đá, các loại thảo mộc và các loại thuốc, các cơ quan vị trí, công chức, người trồng trà và thảo dược...

- Long Thủ trong nhà 10: Các nhà thiên văn, du hành vũ trụ, các nhà ảo thuật, thôi miên, người bán rượu, người đàn ông xiếc, người lao động thuần chất...

- Long Vĩ trong nhà 10: Ngoại thương mại, nhà tâm lý học, huyền bí, nhà tiên tri, nhà cận tâm lý...

CHƯƠNG VII

PHƯƠNG PHÁP NHÂN DẠNG THEO CÂY SỰ SỐNG

(TREE OF LIFE)

Nguyên Lý

Phương Pháp Hệ Màu Theo Cây Sự Sống

Những màu này đã được Order of the Golden Dawn quy định cho hệ thống lý luận Do Thái Kabbalah của Cây Sự Sống, và được thể hiện chính xác trong hệ thống bộ bài Thoth (của Crowley), và các bộ Golden Dawn (như của Cicero). Lý luận này chúng tôi lấy lại từ nhà huyền học Bill Heidrick. Bằng cách cho tương ứng từng lá với màu sắc quy định, ta có thể biết được màu sắc y phục quần áo của đối tượng mà ta tìm kiếm hay cần biết.

Bộ Wands (Gậy):

Mười màu này có nguồn gốc từ suy đoán trong hệ Kabbalah cổ đại. Trong Sepher Zohar, chúng chủ yếu bao gồm hỗn hợp màu đỏ và trắng để gợi ý tỷ lệ khác nhau về mức độ nghiêm trọng và lòng thương xót. Các cảm giác màu xanh và vàng được thêm vào từ nghiên cứu thiên văn để tăng sự đa dạng. Việc phân bổ màu xanh lam cho lá hai cũng đến từ Sepher Zohar .

- Ace of Wand : Màu rực rỡ (cầu vồng)

- Two of Wands : Xanh lam nhạt

- Three of Wands : Màu đỏ thẫm

- Four of Wands : Màu tím đậm

- Five of Wands : Màu cam

- Six of Wands : Màu hồng nhạt

- Seven of Wands : Màu hổ phách

- Eight of Wands : Màu tím nhạt

- Nine of Wands : Màu chàm

- Ten of Wands : Màu vàng

Bộ Cups (Cốc):

Mười màu và nhóm màu này được lấy từ Qabalah và lý thuyết về sự pha trộn sắc tố màu. Chúng cũng phản ánh sự tương ứng giữa hành tinh và giả kim truyền thống với Cây sự sống.

Đó là: 3 - Sao Thổ - Chì - Đen; 4 - Sao Mộc - Thiếc - Xanh lam; 5 - Sao Hỏa - Sắt - Đỏ; 6 - Mặt trời - Vàng - Vàng; 7 - Kim tinh - Đồng - Xanh lục; 8 - Thủy ngân - Màu da cam; 9 - Trăng - Bạc - Tím. Hầu hết các màu đến từ quặng thông thường hoặc hợp chất của các kim loại tương ứng, ví dụ như Mercuric Clorua có màu đỏ cam và Bạc Clorua có màu tía.

- Ace of Cup : Màu trắng sáng

- Two of Cups : Màu xám

- Three of Cups : Màu đen

- Four of Cups : Màu xanh lam (Lục lam)

- Five of Cups : Màu đỏ tươi

- Six of Cups : Màu vàng

- Seven of Cups : Màu lục

- Eight of Cups : Màu cam

- Nine of Cups : Màu tím

- Ten of Cups : Màu nâu đất

Bộ Swords (Kiếm):

Mười màu này có được bằng cách trộn hai màu có cùng số trong Gậy và Cốc, theo phương pháp Qabalistic: quan hệ giữa bốn nguyên tố (four elements) và tứ thánh danh (tetragram).

- Ace of Sword : Màu trắng sáng

- Two of Swords : Màu xám xanh

- Three of Swords : Màu nâu đậm

- Four of Swords : Màu tím đậm

- Five of Swords : Màu đỏ son

- Six of Swords : Màu hồng đỏ

- Seven of Swords : Màu vàng-xanh sáng

- Eight of Swords : Đỏ vang

- Nine of Swords : Tím rất đậm

- Ten of Swords : Màu đất bong tróc

Bộ Pentacles (Tiền):

Mười màu này thường bắt nguồn từ các màu cho cùng một chất trong Gậy và Cốc. Chúng thêm một màu lốm đốm có thể đại diện cho sự tương ứng thứ cấp với một trong các màu trong Gậy và Cốc mà không phải do màu chủ đạo gợi ý. Màu sắc của bộ Tiền được liên kết một cách mơ hồ với nhiều lý thuyết khác nhau.

- Ace of Pentacle : Màu vàng đốm trắng

- Two of Pentacles : Màu trắng lốm đốm Đỏ, hoặc đốm Xanh lam và Vàng

- Three of Pentacles : Màu hồng phớt xám

- Four of Pentacles : Màu dương đậm lốm đốm màu vàng

- Five of Pentacles : Màu đỏ đốm đen

- Six of Pentacles : Vàng hổ phách (không có vết loang)

- Seven of Pentacles : Vàng lốm đốm màu ô liu

- Eight of Pentacles : Nâu vàng lốm đốm trắng

- Nine of Pentacles : Xanh lam đậm đốm vàng

- Ten of Pentacles : Màu đen kết hợp với màu Vàng.

Ẩn Chính (Major Arcana):

Màu sắc của ẩn chính được tương ứng với 22 chữ cái Do Thái được Bill Heidrick tổng hợp lại. Màu sắc này cho biết màu quần áo của đối tượng tương ứng với màu sắc quy định bởi lá bài như sau:

Tarot	Sắc độ I	Sắc độ II	Sắc độ III	Sắc độ IV
The Fool	Vàng	Xanh da trời	Xanh lam bích ngọc	ngọc lục đốm vàng
The Magician	Vàng	Tía	Xám	chàm tỏa tia tím
The Hight Priestess	Xanh lam	Bạc	Lam nhạt lạnh	Bạc tỏa tia xanh da trời
The Empress	Xanh ngọc lục bảo	Xanh da trời	Xanh lá non	Đỏ hoa tươi tỏa tia lục nhạt
The Emperor	Đỏ tươi	Đỏ	màu lửa sáng	đỏ sáng
The Hierophant	Đỏ cam	Chàm thẫm	Xanh olive đậm, ấm	Nâu đậm
The Lovers	Cam	Tím nhạt	Da vàng mới	Đỏ xám ngả tím
The Chariot	Vàng	Nâu sẫm	Nâu đỏ	Nâu lục

	cam		chói	tối
Strength	Vàng	Tía đậm	Xám	Hổ phách hơi đỏ
The Hermit	Vàng lục	Xám đen	Xanh lá-xám	Màu mận
The Wheel Of Fortune	Tím	Lam	Tím đậm	Lam tỏa tia vàng
Justice	Xanh ngọc lục	Lam	Lam đậm-lục	Xanh là nhạt
The Hanged Man	Lam	Xanh biển	Xanh olive đậm	Trắng đốm tím
Death	xanh lục lam	Nâu xám	Nâu đen	Nâu chàm xám xanh
Temperance	Lam	Vàng	Xanh lá	Lam đậm tươi
The Devil	xanh tím	Đen	Xanh dương đen	Xám lạnh tối
The Tower	Đỏ tươi	Đỏ	Đỏ Ý	Đỏ sáng tỏa tia xanh ngọc lục
The Star	Tím	Xanh da trời	Tím hơi xanh	Trắng pha tím
The Moon	Đỏ tím	Bạc trắng	Nâu sáng ửng hồng	Màu đá
The Sun	Cam	Vàng	Màu hổ	Hổ phách

		kim	phách đậm	tỏa tia đỏ
Judgement	Đỏ	Đỏ son	Đỏ tươi đốm vàng	Đỏ son đốm sẫm & xanh ngọc lục
The World	Chàm	Đen	Xanh dương đen	Đen tỏa tia xanh dương

Sắc độ được ta khai triển như sau:

- Sắc độ I: nam trẻ tuổi hoặc nam có quyền lực nhỏ hay một người nam có vị thế xã hội yếu.

- Sắc độ II: nữ trẻ tuổi hoặc nữ có quyền lực nhỏ hay một người nữ có vị thế xã hội yếu.

- Sắc độ III: nam già tuổi hoặc nam có quyền lực cao hay một người nam có vị thế xã hội mạnh.

- Sắc độ IV: nữ già tuổi hoặc nữ có quyền lực cao hay một người nữ có vị thế xã hội mạnh.

Phương Pháp Hệ Đá Quý Theo Cây Sự Sống

Một phương pháp khác để làm nhận dạng đối tượng trong tarot là dựa trên trang sức của đối tượng. Cây sự sống có mối quan hệ với hệ đá quý, từ đó, mỗi lá bài sẽ ứng với một vài loại đá quý nhất định. Dựa vào đó, ta sẽ dự đoán được đối tượng sẽ mang loại đá quý gì. Danh sách này được trích lọc lại từ Liber 777 của Crowley, và có bổ sung một số phát triển từ hội Thelema.

Ẩn chính được quy định như sau về trang sức:

- Về đá quý:

Tarot	Đá Quý

The Fool	Topaz
The Magician	Opal, Mã Não
The Hight Priestess	Đá Mặt Trăng, Ngọc Trai, Tinh Thể thô
The Empress	Emerald, Turquoise
The Emperor	Ruby
The Hierophant	Topaz
The Lovers	Alexandrite, Tourmaline, Iceland Spar
The Chariot	Hổ Phách
Strength	Cat's Eye
The Hermit	Peridot
The Wheel Of Fortune	Thạch Anh Tím, Lapis Lazuli
Justice	Emerald
The Hanged Man	Beryl hoặc Aquamarine
Death	Snakestone
Temperance	Jacinth
The Devil	Kim Cương Đen

The Tower	Ruby, Đá Quý Màu Đỏ
The Star	Thủy Tinh Màu, Chalcedony
The Moon	Ngọc Trai
The Sun	Crysolith
Judgement	Fire Opal
The World	Onyx

- về kim loại quý:

Tarot	Kim Loại Quý
The Magician	Platin
The Hight Priestess	Bạc
The Empress	Đồng
The Wheel Of Fortune	Thiết
The Tower	Sắt
The Sun	Vàng
The World	Chì, Antimon
Lá khác	Kim loại khác

Ẩn phụ được quy định như sau trang sức:

- về đá quý:

Tarot	Đá Quý
Ace	Kim Cương
Two	Star Ruby, Turquoise (Lam Ngọc)
Three	Star Sapphire, Ngọc Trai
Four	Thạch Anh Tím, Sapphire, Lapis Lazuli
Five	Ruby
Six	Topaz, Kim Cương Vàng
Seven	Emerald
Eight	Opal, especially Fire Opal
Nine	Thạch Anh Màu
Ten	Thạch Anh Trong Suốt

- về kim loại quý:

Tarot	Kim Loại Quý
Ace	Radix
Two	Thiết
Three	Sắt, Thép
Four	Bạc

Five	Vàng
Six	Sắt, Thép
Seven	Đồng
Eight	Bạch kim
Nine	Bạc
Ten	Quặng thô

Trải Bài Sử Dụng

Phương pháp này nên được sử dụng kèm với lá Synthese trong truyền thống Pháp-Ý để định số lượng đặc trưng diện mạo, sau đó mới sử dụng các lá đặc trưng rút được để dự đoán từ 1 đến vài lá tùy lá Synthese.

Phương pháp này có thể được lồng ghép trong trải bài cụ thể nào đó, hoặc kiểu tự do.

CHƯƠNG KẾT

NHỮNG NẺO ĐƯỜNG CỦA VẬN MỆNH

Từ trong thần thoại cho đến các truyền thuyết, rồi bước ra thực tại. Đó là Cassandra trong cuộc chiến thành Troy, có đến những tiên tri (The Oracle) của đền Delphi và tiếp nối là Maria Adelaida Lenormand.

Theo thần thoại, Cassandra là con gái của Vua Priam, kẻ trị vì thành Troy. Nhưng đồng thời nàng cũng là tình nhân của Thần Apollo và được vị Thần này ban tặng khả năng tiên tri.

Song khi nàng từ bỏ tình yêu với vị Thần này thì ông quay sang tặng tiếp cho nàng một món quà chia tay là lời nguyền sẽ không ai tin tưởng vào những lời tiên tri của nàng. Thực là một nỗi bất hạnh lớn lao, khi những lời tiên tri của nàng về ngày tàn của thành Troy không một ai tin tưởng cả. Số phận nghiệt ngã khiến nàng phải sống để chứng kiến lửa hiểm thâm cháy tan cả thành Troy. Mà tất chỉ là trò chơi của những vị thần, mà bản thân nàng hay Troy cũng chỉ là quân cờ trên bàn cờ số phận. Có lẽ, nàng Cassandra không có liên quan nhiều đến những phần sắp tới tôi viết bên dưới, nhưng nàng là đại diện cho nỗi lòng của những tiếng người không kẻ thấu hiểu. Bởi vì trong đời sống, có những chuyện chẳng thể trốn thoát, mà con người lại sợ hãi vờ như chẳng muốn tin.

Trở lại với dòng tiên tri phương tây, thì bên cạnh Cassandra được Thần Apollo ban tặng cho khả năng tiên tri (biết trước), mà cụ thể là bằng cách nhìn thấy được tương lai. Thì bên cạnh đó, trong truyền thuyết cũng như lịch sử cũng có đề cập đến những nữ tu Pythia của đền Delphi thờ phụng Thần Apollo. Những lời tiên tri của họ được biết đến như những lời dự ngôn của Thần. Đầy bí hiểm, đa nghĩa. Trong lịch sử, năm 480 TC hoàng đế Xeres của Ba Tư xuất quân tiến đánh Hi Lạp thì cả người của Athens, Sparta lẫn người Delphi đều tìm đến những nữ tu để xin lời tiên tri trước cơn giông tố chiến chinh sắp giáng xuống mảnh đất của họ. Những tư liệu về những lời tiên tri này rất mơ hồ và khó chứng thực:

"Chỉ có những bức tường gỗ mới đứng vững, một ơn huệ cho ngươi và con cái của ngươi... Hãy chờ đợi nhưng đừng im lặng trước những kỵ binh, những hạm đội, và những đội quân tràn ngập mặt đất đang tiến gần. Hãy đi đi. Hãy quay lưng mà chạy. Nhưng thế nào đi nữa các ngươi sẽ phải lâm trận. Ôi Salamis thần thánh, ngươi là cái chết của vô số con trai của những người mẹ, giữa mùa gieo thóc và lúc gặt lúa."

Song kết quả, thì quân Ba Tư đã thất bại dưới tay quân Hi Lạp ở Salamis, dẫn đến cuộc xâm lược của quân Ba Tư bị thất bại. Dù gì, cũng khó mà phủ nhận vai trò của các nữ tu đền Delphi trong nền văn hóa Hi Lạp cổ đại. Dù những lời tiên tri của nó khiến người ta mịt mờ như kẻ đi trong sương mù. Chốt lại ở một điểm, nguồn sức mạnh giúp họ tiên tri được đến từ Thần Apollo, song không loại trừ khả năng một vài vị nữ tu được khai tâm thụ pháp, có khả năng đặc biệt.

Từ điểm này, nảy sinh một vấn đề là nếu không thờ phụng hay nhận quà từ các vị thần, đấng siêu nhiên thì liệu chúng ta có khả năng tiên tri hay không ? Tôi tiếp tục tìm kiếm các tư liệu, sách vở; công truyền cũng như bí truyền. Thì trong một tài liệu của Mật Hội Tarot Huyền Bí có nhắc đến Marcus Tullius Cicero.

"Marcus Tullius Cicero[11] (Thế kỷ thứ I trước CN) chia thành hai loại cơ bản: voyance và mantique (thuật ngữ tiếng Pháp, trong thuật ngữ hiện đại được gọi là Divination intuitive và Divination raisonnée). Voyance (Divination intuitive – Bói toán trực giác) là sự bói toán dựa

---

[11] Trích dẫn gốc của Cicero trong "De la divination", I, 6 : "Il y a deux sortes de divination, l'une relève d'un art qui a ses règles fixes, l'autre ne doit rien qu'à la nature. Mais quelle est la nation, quelle est la cité, dont la conduite n'a pas été influencée par les prédictions qu'autorisent l'examen des entrailles et l'interprétation raisonnée des prodiges ou celle des éclairs soudains, le vol et le cri des oiseaux, l'observation des astres, les sorts ? – ce sont là, ou peu s'en faut, les procédés de l'art divinatoire – quelle est celle que n'ont point émue les songes ou les inspirations prophétiques? – on tient pour naturelles ces manifestations. Et j'estime qu'il faut considérer la façon dont les choses ont tourné plutôt que s'attacher à la recherche d'une explication. On ne peut méconnaître en effet l'existence d'une puissance naturelle annonciatrice de l'avenir, que de longues observations soient nécessaires pour comprendre ses avertissements ou qu'elle agisse en animant d'un souffle divin quelque homme doué à cet effet. "

trên sự bộc phát không giải thích được, không dựa trên một nền lý luận kiến thức nào cả và không thể giải thích được nguyên do của lời tiên tri, thông thường gắng liền với các sức mạnh siêu nhiên hoặc các vị thần mà người đó phụng sự: các bà đồng, các nhà thông linh được xếp vào nhóm này; trong các quan niệm hiện đại, nó còn được gáng cho các giá trị huyết thống. Mantique (Divination raisonnée – Bói toán lý tính) là sự bói toán dựa trên một nền kiến thức được định trước, để lý luận về sự bói toán đó, thông qua các công cụ giải tượng, có tính ly luận cao, chặc chẽ nhưng có thể gây tranh cãi. Nó được xem là một môn khoa học (hay giả khoa học theo quan niệm hiện đại) vì vậy nó dành cho tất cả mọi người và trên nguyên tắc độc lập với các giá trị huyết thống. Sự kết hợp của nó với các sức mạnh thiên nhiên có thể được duy trì hay gạt bỏ tuỳ theo quan niệm.

Vậy từ đây chúng ta có nhiều hướng để đi, nếu ta có khả năng đặc biệt; hoặc huyết thống đặc biệt; thậm chí được ban tặng từ các đấng siêu nhiên thì ta có thể sử dụng khả năng của mình một cách tự nhiên như ta nhìn, ta ngửi... Song, trường hợp chúng ta không có khả năng mạnh mẽ như thế, thì chúng ta vẫn có thể sử dụng những hệ thống bói toán được xây dựng một cách chặt chẽ, để tiến hành thôi diễn số phận. Ở hướng thứ ba, là kết hợp cả hai hướng trên.

Song, từ vấn đề này có điểm cần phải làm rõ trong việc tiên tri, đó chính là về số phận/định mệnh/vận mệnh. Nếu như xét về mặt nào đó, thì Fate/Destiny; định mệnh/số phận dường như khá tương đồng, chúng đều chú định chúng ta đều phải chết, không trừ ai. Lưỡi hái của thời gian thu gặt sinh mạng trên cánh đồng của các vị thần. Nhưng đến cả các vị thần cũng có buổi hoàng hôn của mình. Điều này hệt như trong một cuộc vui, chúng ta tham dự vào trò chơi của hy vọng. Chúng ta được chia những quân bài, có thể tốt hoặc không. Chúng ta không thể thay đổi những quân bài song có thể tìm cách để kết hợp chúng, để đạt được kết quả khả quan nhất. Và đây là lúc chúng ta nói về vận mệnh của cuộc đời mình. Fortune.

Tại sao chúng ta lại có mong muốn biết trước vận mệnh của mình. Có lẽ, do chúng ta sợ hãi trước con đường đầy sương mù nên mong tìm một điểm sáng. Hoặc là do chúng ta tham lam muốn đạt được lợi ích cao nhất từ việc biết trước. Âu cũng là lẽ thường, vì đây là nhân tính, mặt tối trong mỗi con người chúng ta.

Thời gian trường hà, sông rộng thời gian cuồn cuộn cuốn trôi bao thân phận. Ta hệt như con cá chỉ có thể xuôi dòng. Nhưng những người có khả năng đặt biệt hoặc là mượn nhờ sức mạnh nào đó, có thể nhảy lên khỏi dòng thời gian để nhìn thấy vô vàn sự kiện xảy ra trong tương lai. Trong khi đó, một số người khác lại mượn nhờ tri thức vô tận để làm đòn bẩy tự thân nhảy vượt lên, nhìn thấy đồng thời dự đoán những sự kiện diễn ra trong tương lai. Cả hai cách, khi nhảy vượt lên khỏi dòng thời gian, đều trực tiếp khuấy động mọi thứ ở hiện tại. Nên xuất hiện vô vàn biến số không thể ngờ đến trong tương lai. Vì vận mệnh vốn vô định.

Từ đông sang tây, chúng ta có nhiều hình thức để tiên tri như : chiêm mộng, vu thuật, lên đồng, kinh dịch, tử vi, tarot, rune, lenormand, oracle, ..., vô vàn phương pháp bói toán, để thôi diễn dòng chảy của vận mệnh. Có phương pháp có hệ thống, có phương pháp phụ thuộc vào khả năng của người sử dụng. Tất cả nhằm mục đích biết trước vận mệnh.

Nhưng biết trước không phải để trốn tránh, để ngồi yên chờ đợi chuyện như nguyện. Mà là để từng bước tranh đấu, để khai tâm thụ pháp, để hiểu được trong bánh xe số phận, thì phiền não cũng là bồ đề. Dù chúng ta không thể thoát khỏi số mệnh nhưng khi hiểu rõ được bản chất của đau khổ (phiền não) thì chúng ta mới có thể tìm được sự tự do thực sự (bồ đề).

VỀ TÁC GIẢ

Tiến sĩ Philippe Ngo, một người nghiên cứu tarot tại Pháp. Sáng lập viên của cộng đồng Tarot Huyền Bí. Tác giả một số cuốn chuyên luận về tarot như: Hành Trình Chàng Khờ Trong Tarot, Quỷ Học Trong Tarot – Vài Luận Đề, Tình Yêu Hôn Nhân và Gia Đình Trong Tarot, Khởi Nghiệp Hoạch Định và Kinh Doanh Trong Tarot,

9 781088 012406